高等院校"十三五"应用型艺术设计教育系列规划教材

Rhino & KeyShot 完全实例入门教程

王浩军 著

合肥工业大学出版社

图书在版编目(CIP)数据

Rhino & KeyShot 完全实例入门教程/王浩军著 . —合肥:合肥工业大学出版社,2022.1
ISBN 978 - 7 - 5650 - 5376 - 4

Ⅰ.①R… Ⅱ.①王… Ⅲ.①产品设计—计算机辅助设计—应用软件—教材 Ⅳ.①TB472 - 39

中国版本图书馆 CIP 数据核字(2021)第 144411 号

Rhino & KeyShot 完全实例入门教程

王浩军 著		责任编辑	秦晓丹 张 慧	
出 版	合肥工业大学出版社	版 次	2022 年 1 月第 1 版	
地 址	合肥市屯溪路 193 号	印 次	2022 年 1 月第 1 次印刷	
邮 编	230009	开 本	889 毫米×1194 毫米 1/16	
电 话	人文社科出版中心:0551 - 62903205	印 张	6	
	市 场 营 销 部:0551 - 62903198	字 数	185 千字	
网 址	www.hfutpress.com.cn	印 刷	安徽联众印刷有限公司	
E-mail	hfutpress@163.com	发 行	全国新华书店	

ISBN 978 - 7 - 5650 - 5376 - 4　　　　　　　　　　　定价:49.00 元

前言

对于产品设计而言，三维设计占据着非常重要的位置。在产品设计中，快速、准确是缩短研发周期的重要因素，而采用计算机辅助设计是提高工作效率最有力的手段之一，也是考察产品设计师能力的一个重要标志。这就要求设计师拥有良好的空间想象能力并具备良好的三维建模能力。

Rhino 是由美国 Robert McNeel 公司于 1998 年推出的一款基于 NURBS（Non-Uniform Rational B-Spline，非均匀有理 B 样条曲线）的三维建模软件，是一款强大的专业 3D 造型软件，广泛地应用于工业设计、产品设计、建筑艺术、汽车制造、机械设计、船舶设计、航空技术、珠宝首饰和太空技术等多个领域。它能轻易整合 3DS Max、Softimage 的模型功能部分，对要求精细、复杂的 3D NURBS 模型有点石成金的效能。

KeyShot 意为 "The Key to Amazing Shots"，是一个互动性的光线追踪与全域光渲染程序，无须复杂的设定即可产生相片般真实的 3D 渲染影像。KeyShot 因以下几个特点而被设计师广泛采用：1. 界面简约。KeyShot 用户界面简单却不失强大，具备所有必要的选项，可以实现先进的可视化效果，让工作畅通无阻。2. 渲染快速。KeyShot 运行快速，无论是在笔记本电脑上，还是在拥有多个中央处理器的网络服务器上，都能抓住所有可用的核心。3. 实时显示。在 KeyShot 里，所有操作都实时进行，其使用独特的渲染技术，让材料、灯光和相机的所有变化显而易见。4. 操作简单。KeyShot 用户只需将数据和指定材料拖放到模型上，导入信息，调整灯光，然后移动相机，就能创建 3D 模型的逼真图像。5. 数据准确。KeyShot是 3D 数据精确的渲染解决方案，以先进的技术算法、全局光照领域的研究和

Luxion 内部研究为基础开发而成。

本书为完全实例教程，共 5 章，第 1 章是概括介绍，第 2、3、4 章内容与 Rhino 建模相关，第 5 章内容与 KeyShot 渲染相关，所选案例按照由浅入深、循序渐进的原则进行介绍，使读者在跟随本书步骤学习建模、渲染的同时，学习相关命令的使用方法。各章内容简要介绍如下：

第 1 章为初始 Rhinoceros 5.0 及相关操作，包括 Rhinoceros 5.0 安装与界面、Rhinoceros 5.0 工作环境设置、Rhinoceros 5.0 基本快捷键。

第 2 章为基本实例建模，包括钥匙、音箱、联想鼠标建模。

第 3 章为曲线实例建模，包括台电 U 盘、茶壶建模。

第 4 章为综合实例建模，包括牙刷、飞科吹风机建模。

第 5 章为 KeyShot 4.0 实例渲染，包括钥匙、音箱、联想鼠标、台电 U 盘、茶壶、牙刷渲染。

由于作者水平有限，书中疏漏之处在所难免，欢迎广大读者和专家提出宝贵意见。

在此一并感谢合肥工业大学出版社编辑们的信任和大力支持。

王浩军

写于 2021 年岁末

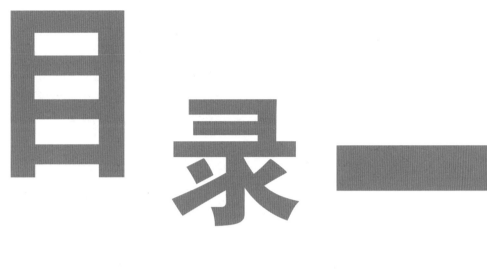

1

第 1 章　初始 Rhinoceros 5.0 及相关操作

Rhino3D NURBS（Non-Uniform Rational B-Spline，非均匀有理 B 样条曲线），是一个功能强大的高级建模软件，也是三维专家们所说的——犀牛软件。Rhino 是由美国 Robert McNeel 公司于 1998 年推出的一款以 NURBS 为主的三维建模软件。其开发人员基本上是原 Alias 的核心代码编制成员。当今，由于三维图形软件种类繁多，想要在激烈的竞争中取得一席之地，必定要在某一方面有特殊的价值。因此，Rhino 就在建模方面向三维软件的巨头们（Maya、Softimage XSI、Houdini、3DS Max、LightWave 等）发出了强有力的挑战。

自从 Rhino 推出以来，无数的 3D 专业制作人员及爱好者都被其强大的建模功能所深深吸引并折服。首先，它是一个"平民化"的高端软件：不像 Maya、Softimage XSI 等"贵族"软件，必须在 Windows NT 或 Windows 2000、Windows XP，甚至 SGI 图形工作站的 Irix 上运行，还要搭配价格昂贵的高档显卡；Rhino 所需配置只要是 Windows 95、一块 ISA 显卡，甚至一台老式的 486 主机即可运行起来。其次，它不像其他三维软件那样有着庞大的"身躯"，动辄几百兆；Rhino 全部安装完毕才区区二十几兆，生动诠释了"麻雀虽小，五脏俱全"，并且由于引入了 Flamingo 及 BMRT 等渲染器渲染后的图片，其图像的真实品质已非常接近高端的渲染器。再次，Rhino 不但用

于 CAD、CAM 等工业设计，更可为各种卡通设计、场景制作及广告片头打造出优良的模型，并以其人性化的操作流程让设计人员爱不释手，而最终为学习 Solid Thinking 及 Alias 打下一个良好的基础。总之，Rhino3D NURBS 是三维建模高手必须掌握的、具有特殊实用价值的高级建模软件。

从设计稿、手绘到实际产品，或许只是一个简单的构思，Rhino 所提供的曲面工具可以精确地制作所有用来作为渲染表现、动画、工程图、分析评估以及生产用的模型。

Rhino 可以在 Windows 系统中建立、编辑、分析和转换 NURBS 曲线、曲面和实体，不受复杂度、阶数以及尺寸的限制。Rhino 也支持多边形网格和点云。

Rhino 不受约束的自由造型 3D 建模工具以往只能在 20 至 50 倍价格的同类型软件中找到。Rhino 让使用者可以建立任何想象的造型，同时也完全符合设计、快速成型、工程、分析和制造从飞机到珠宝所需的精确度。

Rhino 与非常流行的 3D 自由体建模工具 MOI3D（自由设计大师）无缝结合，更可与建筑界的主流概念设计软件——SketchUp（建筑草图大师）兼容，给建筑业界人士提供了一种自由体建模的优秀工具。

Rhino 可以创建、编辑、分析和转换 NURBS 曲线、曲面和实体，并且在复杂度、角度和尺寸

方面没有任何限制。

用户界面：非常快速地将数据表示成图形、3D 制图法、无限制的图形视见区、工作中的透视视窗、指定的视区、制图设计界面、设计图符界面（物体在计算机显示屏上的一种图形表示，实质上是事物的图像，用来使计算机操作更加直观，使初学者更容易理解）、工具栏界面、大量的联机帮助、现代化的电子更新。

创建帮助：无限制的 UNDO 和 REDO、精确尺寸输入、模型捕捉、网格点捕捉、正交、平面、创建平面和背景位图、物体的隐藏和显示、物体的锁定和解除。

创建曲线：控制和编辑点、操纵条、光滑处理、修改角度、增/减节点、重建、匹配、简单化、过折线、建立周期、调整冲突点、修改角度、修正裂缝、手画曲线、TrueType 文本、点插值。

创建曲面：三点或四点生成面、三条或四条生成面、二维曲线成面、矩形成面、挤压成面、多边形成面、沿路径成面、旋转、线旋转、混合曲面、倒角、TrueType 文本曲面。

编辑曲面：控制点、操纵条、修改角度、增/减节点、匹配、延伸、合并、连接、剪切、重建、缩减、建立周期、布尔运算（合并、相异、交叉）。

创建实体：正方体、球体、圆柱体、管体、圆锥体、椭体、圆柱体、挤压二维曲面、挤压面、面连接、TrueType 文本实体。

编辑实体：倒角、抽面、布尔运算（合并、相异、交叉）。

创建多面曲面：NURBS 成面、封闭折线成面、平面、圆柱体、球体、圆锥体。

编辑多边曲面：炸开、连接、焊接、统一规范、应用到面。

编辑工具：剪切、拷贝、粘贴、删除、删除重复、移动旋转、镜像、缩放、拉伸、对齐、陈列、合并、剪切、切分、炸开、延伸、倒角、斜切面、偏移、扭曲、弯曲、渐变、平行、混合、磨光、平滑等。

分析：点、长度、距离、角度、半径、周长、普通方向、面积、面积矩心、体积、体积矩心、曲化图形、几何连续、偏移、面边界、最近点等。

渲染：平影渲染、光滑影渲染、材质、阴影

和自定义分辨率渲染。

文件支持：DWG、DXF、3DS、LWO、STL、OBJ、AI、RIB、POV、UDO、VRML、TGA、AMO、IGES、AG、RAW。

插件：3D Studio MAX、Softimage 和带源代码的 I/O 工具包。

文件管理：文件属性和注解、模板、合并文件、输出选择区域、I/O。

Rhino 是为设计和创建 3D 模型而开发的。虽然它带有一些有用的渲染功能，但这些不是 Rhino 的主要功能，并且利用 Rhino 虽然不能生成带有注释和标识的二维图形，但可以将模型引入诸如 CAD 之类的软件完成这些工作。在熟练使用 Rhino 之后，我们可以建立复杂的三维模型（像昆虫造型、人的面部等）。

在本章，我们将学习到 Rhinoceros 5.0 安装与工作环境设置的相关知识，以及根据个人的建模习惯定制自己的常用工具栏。这些都是 Rhinoceros 5.0 的基础知识，希望大家认真学习，为后面实例建模打好基础。

1.1　Rhinoceros 5.0 安装与界面

1.1.1　Rhinoceros 5.0 安装

① 取出 Rhinoceros 5.0 安装光盘，放入光驱中，弹出 Rhino 的安装界面，单击"安装 Rhino 5.0"的选项，如图 1-1-1 所示。

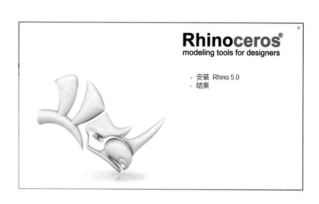

图 1-1-1

② 在使用者信息对话框中，输入名称、电子邮件等信息，再在光盘中找到授权码，输入产品授权码并勾选相关选项。注意用户应当妥善保存

好产品授权码，切勿转让给他人或丢失。输入完毕后，单击"下一步"，如图 1-1-2 所示。

图 1-1-2

③ 在弹出的语言选项对话框中选择"中文（简体）"，然后单击"下一步"，如图 1-1-3 所示。

图 1-1-3

④ 弹出选择目标文件夹选项，默认程序安装路径为"C：\ Program Files \ Rhinoceros 5.0"。若想安装到其他文件夹，请按"更改目的文件夹"，选择其他文件夹，然后单击"下一步"，如图 1-1-4 所示。

图 1-1-4

⑤ 弹出"正在安装 Rhino 5.0"对话框，安装条不断滚动，安装程序在运行，如图 1-1-5 所示。

⑥ 安装完成后，弹出安装成功对话框，单击

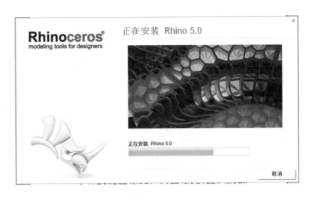

图 1-1-5

"结束"，退出安装程序，如图 1-1-6 所示。

图 1-1-6

⑦ 安装完成后，桌面上出现 Rhino 图标，退回到安装程序初始界面，单击"结束"，结束程序安装。

⑧ 弹出启动模版对话框，选择 Rhino 启动时使用的模型尺寸与单位，单击即可，如图 1-1-7 所示。

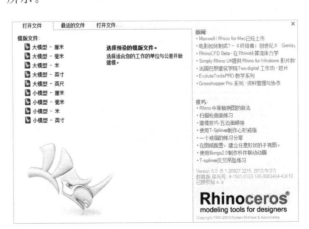

图 1-1-7

⑨ 打开程序后，进入 Rhino 的用户界面，现在用户可以在视图中进行建模工作，如图 1-1-8 所示。

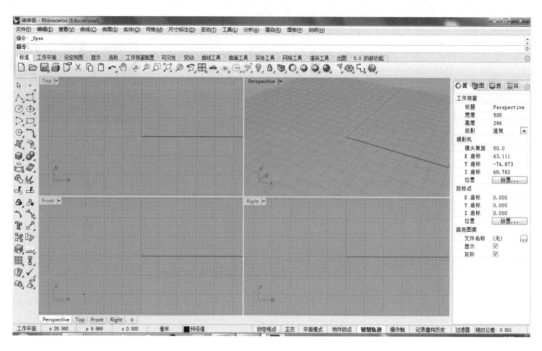

图 1-1-8

1.1.2 界面介绍

Rhinoceros 5.0 的中文界面主要由下面几个单元组成：标题栏、菜单栏、命令栏、工具箱、工作视图、状态栏、对话框，如图 1-1-9 所示。

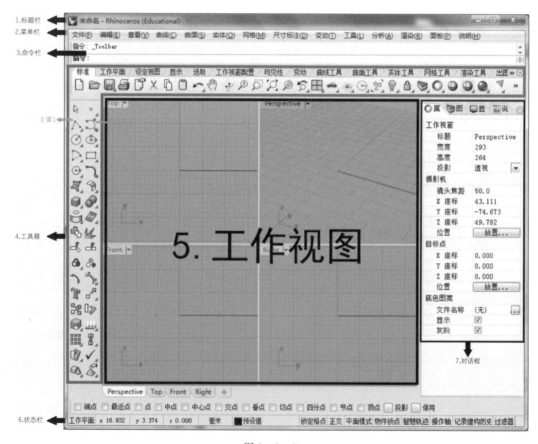

图 1-1-9

1）标题栏

标题栏位于界面最上方，其左侧显示的是软件图标、当前文件名以及软件版本，右侧是用来控制窗口状态的 3 个按钮，从左至右分别为"最小化""还原"和"关闭"。

2）菜单栏

菜单栏位于标题栏下方，用到的绝大多数命令都可以在下拉菜单中找到，所有命令都是根据命令的类型进行分类的。

3）命令栏

命令栏如图 1-1-10 所示，是 Rhino 重要的组成部分，可以显示当前命令执行的状态、提示下一步的操作、输入参数、显示分析命令的分析结果、提示命令操作失败的原因等信息，并且许多工具还在命令栏中提供了相应的选项（在命令栏中的选项上单击即可更改该选项的设置）。

底面的第一角（对角线(D) 三点(P) 垂直(V) 中心点(C)）：
底面的其它角或长度：
高度。按 Enter 套用宽度：
指令：

图 1-1-10

4）工具箱

若要在 Rhino 中执行某个命令，有以下 3 种方法。

① 选择菜单栏中的相应命令。

② 在命令栏中输入命令。

③ 单击工具箱中的按钮选择相应的命令。

界面（见图 1-1-9）中默认显示的是"标准""主要 1""主要 2"工具箱。

"标准"工具箱放置了 Rhino 中常用到的一些非建模工具，如"新建""打开""保存""视图控制""图层"及"物件属性"等。"主要 1""主要 2"工具箱中放置了建模用的"创建""编辑""分析"及"变换"等工具。选择相应命令的具体方法如下。

① 将鼠标光标停留在一个按钮上，会显示该按钮的名称。

② 工具箱中有很多按钮图标右下角带有小三角符号，表示该工具下还有其他隐藏工具。在图标上按住鼠标左键不放可以链接到该命令的子工具箱。

③ 选择"工具"/"工具列配置"命令，弹出图 1-1-11 所示的"工具列"对话框。在"工具列"中勾选相应的选项，即可在界面中显示相应的工具箱。

默认界面中显示的按钮数量有限，通过单击工具箱中的按钮，在展开的按钮面板中选择其他按钮的操作方法有些烦琐。用户可以根据个人的习惯来自定义工具箱，将常用的按钮放置在工具箱中。自定义工具箱的方法如下。

图 1-1-11

① 移动按钮：按住 Shift 键，同时按住鼠标左键拖拽按钮到其他工具列或同一个工具列的其他位置，然后松开鼠标左键，即可移动该按钮到工具列的其他位置。

② 复制按钮：按住 Ctrl 键，同时按住鼠标左键拖拽按钮到其他工具列或同一个工具列的其他位置，然后松开鼠标左键，即可将该按钮复制到工具列的其他位置。

③ 删除按钮：按住 Shift 键，同时按住鼠标左

键拖拽按钮到工具箱外的位置，即可删除该按钮。

更改工具箱的配置后，可以选择"工具列"对话框中的"文件"/"另存为"命令，将自定义工具箱保存起来，以便以后调用，注意不要覆盖系统原来的文件。图 1-1-12 所示为自定义工具箱的效果。

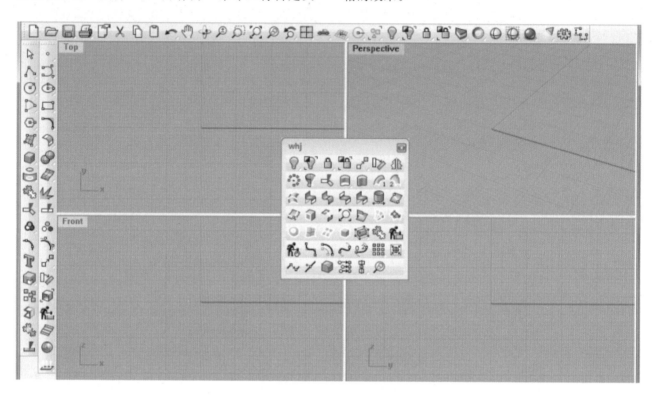

图 1-1-12

5）工作视图

默认状态下 Rhino 的界面分为"Top"（顶视图）、"Perspective"（透视图）、"Front"（前视图）和"Right"（右视图）4 个视图。具体建模的操作与显示都是在视图区中完成的。

6）状态栏

状态栏是 Rhino 的一个重要组成部分，其中显示了当前坐标、捕捉、图层等信息。熟练地使用状态栏能够提高建模效率。状态栏的组成如图 1-1-13 所示。

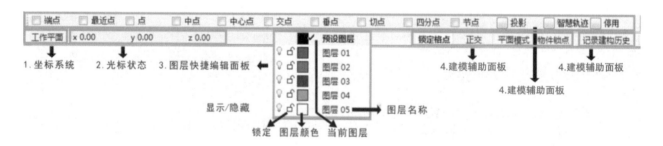

图 1-1-13

（1）坐标系统

单击该图标，即可在"世界"坐标系和"工作平面"坐标系之间切换。其中，"世界"坐标系是唯一的，"工作平面"坐标系是根据各个视图平面来确定的，水平向右为 x 轴，垂直向上为 y 轴，

与 xy 平面垂直的为 z 轴。

（2）光标状态

前 3 个数据显示的是当前鼠标光标的坐标值，用（x，y，z）表示。注意数值的显示是基于其左侧的坐标系的。最后一个数据表示当前鼠标光标定位与上一个鼠标光标定位的间距值。

（3）图层快捷编辑面板

单击该图标，即可弹出图层快捷编辑面板，可快速地进行切换、图层编辑，每个图标的含义参见图 1-1-13。

（4）建模辅助面板

建模辅助面板在建模过程中使用非常频繁，单击相应的按钮即可切换状态，字体显示为粗体的为激活状态，正常显示的为关闭状态。

锁定格点：激活此按钮时，可以限制鼠标光标只在视图中的格点上移动，这样可以控制绘制图形的数值和图形的精确性，使图形的绘制更加快捷、准确。

正交：激活此按钮时，可以限制鼠标光标只在水平和竖直方向移动，即沿着坐标轴移动，对绘制水平或竖直的图形十分有用。

平面模式：激活此按钮时，可以限制鼠标光标在同一平面上绘制图形，这样可以避免绘制出不需要的空间曲线。平面位置的确定以第一个绘制点为准。

物件锁点：单击此按钮，可以开启或关闭物件锁点工具栏。

（5）构建历史面板

在使用某个命令前激活"记录建构历史"按钮，可以记录构建历史。需要注意的是，只有极少的命令支持构建历史功能。

7）对话框

默认界面右侧显示的是"即时联机说明"对话框。当在 Rhino 中执行某个命令时，该对话框中会即时显示该命令的说明与帮助，方便初学者快速掌握 Rhino 的工具与命令。用户也可以将常用的对话框放置在此处，以方便操作。

8）图层

图层是一个结构体，这个结构体可以帮助用户去管理、组织各种物体。图层是许多作图、建模软件上经常使用到的。

在图层的操作中，可以给图层命名，更改图层的颜色，关掉、打开图层，当然也可以把某个图层锁定，这样就选不到这个图层上的物体。但无论怎么改变图层的属性，在这个图层里面的物体是不会消失的。下面具体介绍图层的操作：

① 使用图层：物体总是创建在一个图层上。

它可能是默认的层或者是用户自己创建并把它设为当前的层，每个层都会有它的名称和颜色。命令是"layer"，图 1-1-14 是 Rhino 的图层控制对话框。

图 1-1-14

② 创建一个新的图层：在图层对话框中，点击"新建"（快捷键是 Insert），在图层名列表中就会显示这个图层的名称，默认为"图层××"。

③ 删除一个图层：在列表中选定需要删除的图层，点击"删除"，或者按快捷键 Delete。

④ 当前图层：绝大部分的物体都是在当前层中创建的，除了一些使用复制、阵列等命令创建的物体，这些物体的图层和原有物体的图层是一样的。当前层在图层名列表的最上面，当前层是不可以关掉或锁定的（带符号"√"的层就是当前图层）。

⑤ 图层名：每一个图层都有一个名称，用户可以更改图层的名称。

⑥ 更改图层名：在对话框中选定一个图层键，输入要更改的名称。

⑦ 显示图层：图层能够打开、关闭和锁定。

图层打开：这个层里的所有物体就会显示出来，可以选择这些物体。

图层关闭：这个层里的所有物体就会被隐藏，不可以选择这些物体。

图层锁定：这个层里的所有物体就会显示出来，但不可以选择这些物体。用户可以一次选中几个图层，并修改它们的属性。

⑧ 图层的选择：在对话框中可以单选一个图层，也可以一次多选若干个图层（就像 Windows 的多选物体）。

⑨ 图层的排列顺序：可以按照名字、颜色、属性来排列图层名列表。

⑩ 图层的过滤：有时，图层名列表中列出了一大堆图层的名称，用户会觉得较难处理。那么，可以按照某些标准显示出图层，在对话框中右上角的下拉列表框▽中选取一些图层显示的条件。

所有的图层（默认）：显示所有的图层。

打开的图层：只显示打开的图层。

关闭的图层：只显示关闭的图层。

锁定的图层：只显示锁定的图层。

有物体的图层：只显示有物体的图层。

空的图层：只显示没有物体的图层。

自定义条件的图层：按用户自定义的条件显示图层。

⑪ 设定自定义图层条件：从下拉列表框中选择自定义条件的图层。弹出自定义条件对话框，用户可以从中设定条件。

9）捕捉设置

在使用 Rhino 进行设计的过程中，使用捕捉设置可以提高建模的精度。捕捉设置主要在状态栏中的"物件锁点"工具栏中进行，如图 1-1-15 所示。

| □端点 | ☑最近点 | □点 | □中点 | □中心点 | □交点 | □垂点 | □切点 | □四分点 | □节点 | □投影 | □智慧轨迹 | □停用 |

图 1-1-15

当系统提示输入一个点的时候，可以使光标记号停留在一些几何体的一个特殊的部分上。当激活了物体捕捉移动光标，会发现当光标离捕捉的位置达到一段距离的时候，光标的记号会跳到所捕捉的位置上。物体捕捉可以一直保持捕捉，或者只捕捉一次。可以在状态栏上的捕捉方框上设定几项内容的保持捕捉。所有的捕捉都有相同的特性，只是所捕捉在几何体上的位置不一样而已。

① 端点捕捉：端点捕捉是最简单的捕捉。激活了端点捕捉，当光标移动到线的端点的附近，记号会停留在这根线的端点上。注意，封闭曲线或曲面的接缝也可以作为端点被捕捉到。

② 最近点：捕捉到曲线或者曲面边缘上的某一点。

③ 点：捕捉到点对象或物体的控制点、编辑点（按 F10 键，显示物体的控制点；按 F11 键，关闭物体的控制点）。

④ 中点：捕捉到线的中点。

⑤ 中心点：捕捉到曲线的中心点，一般限于圆、椭圆或者圆弧等工具绘制的曲线。

⑥ 交点：捕捉到两根线的交点。

⑦ 垂点：捕捉曲线或曲面边缘上的某一点，使该点与上一点形成的方向垂直于曲线或曲面边缘。

⑧ 切点：捕捉到曲线上的某一点，使该点与上一点形成的方向与曲线正切。

⑨ 四分点：捕捉到圆、椭圆、弧的四分点，是曲线在工作平面中 x、y 轴坐标最大值或最小值的点，即曲线的最高点。

⑩ 节点：捕捉曲线或曲面边缘上的节点。节点是 B-Spline 多项式定义改变处的点。

⑪ 投影：所有的锁点会投影至当前视图的工作平面上，透视图会投影至坐标系的 xy 平面。

⑫ 智慧轨迹：它是 Rhino 4.0 增加的建模辅助功能，可以以工作视图中不同的 3D 点、几何图形及坐标轴向建立暂时性的辅助线和辅助点。

⑬ 停用：将暂时停用所有的锁点捕捉。

下面是关于捕捉设置的基本操作方法：

① 保持捕捉的设定：可以在保持捕捉的对话框中设定保持捕捉。

② 显示保持捕捉对话框：在状态栏上，点取物体捕捉方框。

③ 设定和清除保持捕捉：在物体捕捉的对话框中，可以设定或清除物体捕捉。

④ 在命令行设定保持捕捉：在命令行提示符

前输入：Osnap。

⑤ 系统会在一个尖括号中显示当前的捕捉设置：在提示符（Persistent Osnap）前，输入所需要设定的捕捉内容，则所输入的捕捉会被激活，但其他的捕捉就会被清除（包括原来设定好的捕捉）。清除捕捉设置可以在提示符前输入：None。

⑥ 冻结所有的捕捉设置：在保持捕捉对话框中，打开冻结（Freeze）一项，所有的捕捉会暂时失效，或在命令行输入：Freezeosnap。

⑦ 恢复保持捕捉：在保持捕捉对话框中，关掉冻结（Freeze）一项，所有的捕捉会重新激活，或在命令行输入：Freezeosnap。

⑧ 清除所有的捕捉设置：在保持捕捉对话框中，使用鼠标右键点取冻结（Freeze）一项，所有的捕捉会清除。

⑨ 单次捕捉：物体捕捉可以只捕捉一次。单次捕捉会暂时把设定好的捕捉关掉，当用完这次捕捉之后，才能把先前设好的捕捉还原。

⑩ 设定单次捕捉：当系统要求输入一个点的时候，可以按照以下的方法设定单次捕捉：从工具的菜单下选择物体捕捉，再点取所需要的捕捉，

或者在命令行中输入所需要的捕捉，按回车或空格完成。

1.2　Rhinoceros 5.0 工作环境设置

初次运行 Rhino 时，有些选项需要先设置，这些选项往往与 Rhino 的操作息息相关，而其他一些选项不会影响到作业过程，不必另外设置，保持默认设置即可。操作通常情况下主要是在 Rhino 的"线框模式"和"着色模式"中进行，所以，主要设定的环境就是这两个模式。在 Rhino 的标准工具栏中，点击"选项"图标（⚙）打开 Rhino 选项对话框，找到"视图"中的"显示模式"，如图 1-2-1 所示。

① 设置"线框模式"中的"曲线设置"，设置如图 1-2-2 所示。

② 设置"着色模式"中的"背面设置"，设置如图 1-2-3 所示。

③ 设置"着色模式"中的"曲线设置"，设置如图 1-2-4 所示。

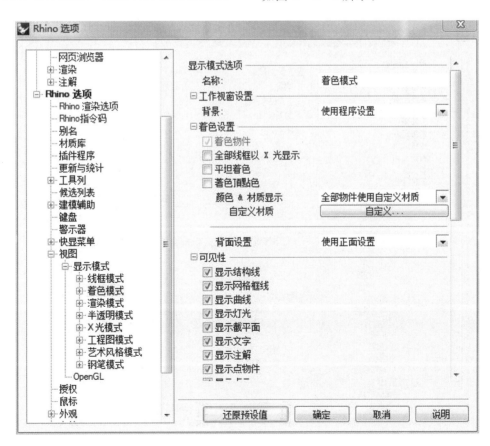

图 1-2-1

Rhino &. KeyShot 完全实例入门教程

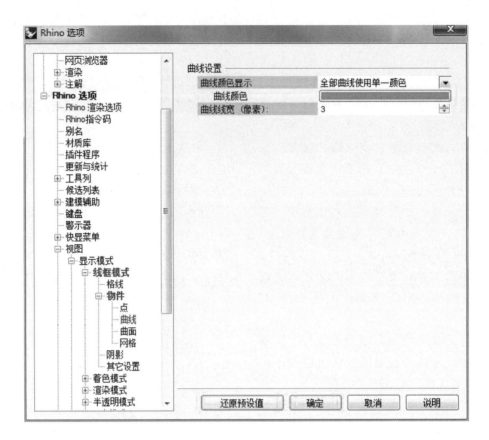

图 1-2-2

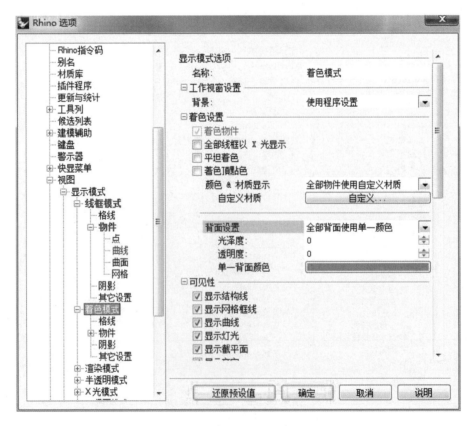

图 1-2-3

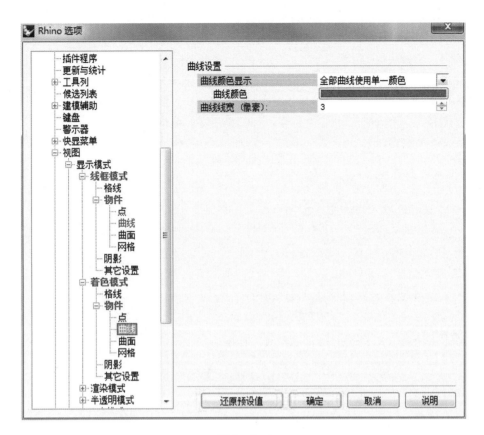

图 1-2-4

1.3 Rhinoceros 5.0 基本快捷键

快捷键解释分为三个部分：第一部分为快捷键，第二部分为中文解释，第三部分为 Rhino 命令提示框显示内容。具体如下：

Ctrl+Alt+W 设定为线框模式 ! _ WireframeViewport

Ctrl+Alt+S 设定为着色模式 ! _ ShadedViewport

Ctrl+Alt+R 设定为渲染模式 ! _ RenderedViewport

Ctrl+Alt+G 设定为半透明模式 ! _ GhostedViewport

Ctrl+Alt+X 设定为 X 光框模式 ! _ XrayViewport

Ctrl+F1 最大化 Top 视图 '_ SetMaximizedViewport Top

Ctrl+F2 最大化 Front 视图 '_ SetMaximizedViewport Front

Ctrl+F3 最大化 Right 视图 '_ SetMaximizedViewport Right

Ctrl+F4 最大化 Perspective 视图 '_ SetMaximizedViewport Perspective

Ctrl+M 最大化当前视图 '_ MaxViewport

Ctrl+Tab 切换视图 无

Ctrl+W 框选缩放 '_ Zoom _ Window

Ctrl+Shift+E 缩放至最大范围（当前视图）'_ Zoom _ Extents

Ctrl+Alt+E 缩放至最大范围（全部视图）'_ Zoom _ All _ Extents

Home 复原视图改变 '_ UndoView

End 重做视图改变 '_ RedoView

F10 开启控制点 ! _ PointsOn

F11 关闭控制点 ! _ PointsOff

Ctrl+A 选择全部物体 '_ SelAll

Ctrl+C 复制 '_ CopyToClipboard

Ctrl+X 剪切 '_ Cut

Ctrl+V 粘贴 '_ Paste

Ctrl+J 结合 ! _ Join

Ctrl+T 修剪 ! _ Trim

Ctrl＋Shift＋S 分割！_Split

Ctrl＋Z 复原 _Undo

Ctrl＋Y 重做！_Redo

Ctrl＋G 群组！_Group

Ctrl＋Shift＋G 解散群组！_Ungroup

Ctrl＋B 定义图块！_Block

Ctrl＋I 插入图块！_Insert

Ctrl＋H 隐藏！_Hide

Ctrl＋Alt＋H 显示！_Show

Ctrl＋Shift＋H 显示选取的物体！_ShowSelected

Ctrl＋L 锁定！_Lock

Ctrl＋Alt＋L 解除锁定！_Unlock

Ctrl＋Shift＋L 解除锁定选取的物体！_UnlockSelected

Ctrl＋N 新建！_New

Ctrl＋O 打开！_Open

Ctrl＋I 插入！_Insert

Ctrl＋S 保存！_Save

Ctrl＋P 打印！_Print

F1 帮助'_Help

F2 指令历史！_CommandHistory

F3 物体属性！_Properties

F6 显示/隐藏摄像机！_Camera _Toggle

F7 显示/隐藏网格 Noecho-_Grid _ShowGrid

F8 开启/关闭正交模式'_Ortho

F9 开启/关闭锁定格点'_Snap

F12 以三维数字化仪取点'_DigClick

Esc 取消选择，或中止操作　无

Space 代替回车，或重复上次操作　无

2 第2章 基本实例建模

本章主要是利用实体工具完成钥匙、音箱、联想鼠标的建模，所涉及的命令将会在每个实例建模中具体罗列出来，希望读者在学习实例建模之前一定要将命令浏览一遍。

2.1 钥匙建模

本节学习钥匙的建模方法，通过制作钥匙模型，帮助大家了解 Rhino 建模的整个流程。在本节中，大家将要学习的知识点如下：

- 了解建模的整体流程。
- 了解 Rhino 基本工具及使用方法。
- 主要运用的建模命令：圆，Circle，⊙；多重直线，Polyline，∧；修剪，Trim，◁；组合，Join，♣；直线挤出，ExtrudeCrv，▣（该命令的选择：先找到▨工具，然后鼠标左键长按该工具，在弹出的工具栏中即可找到）；布尔差集运算，BooleanDifference，◕；镜像，Mirror，▥（该命令的选择：先找到◩工具，然后鼠标左键长按该工具，在弹出的工具栏中即可找到）。

① 打开 Rhino，在 Top 视图中执行工具栏中"圆，Circle，⊙"命令，键盘输入坐标：0，半径：5，创建一个圆，如图 2-1-1 所示。

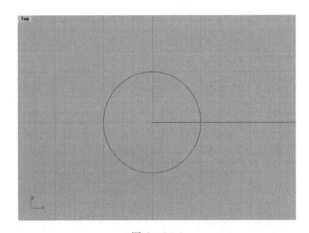

图 2-1-1

② 单击鼠标右键重复命令，在适当位置创建圆，如图 2-1-2 所示。

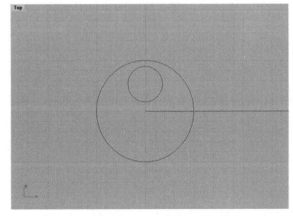

图 2-1-2

③ 在状态栏中开启"锁定格点，Grid Snap，

锁定格点"。

④ 用"多重直线，Polyline，🖊"在适当位置绘制图形（注意左右两侧保持对称），如图2-1-3所示。

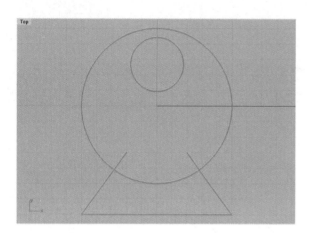

图 2-1-3

⑤ 按右键重复执行"多重直线，Polyline，🖊"，在适当位置绘制图形，如图2-1-4所示。

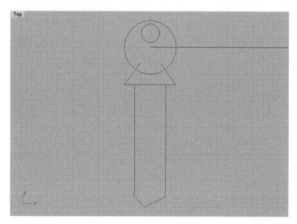

图 2-1-4

⑥ 框选所有曲线，执行"修剪，Trim，✂"命令，对所绘制图形进行修剪，如图2-1-5所示。修剪完后，单击鼠标右键，命令结束。

⑦ 选择所有曲线执行"组合，Join，🧩"命令，将所绘制的所有图形组合成一个整体，如图2-1-6所示。

⑧ 再次选择所有曲线，执行"直线挤出，ExtrudeCrv，🖥"命令（该命令的选择：先找到"指定曲面的三个或四个角建立曲面，SrfPt，🔲"，然后鼠标左键长按该工具），拉伸的深度为0.75。注意选项：两侧（B）＝是，实体（S）＝是，图2-1-7是在Front视图中得到的效果。

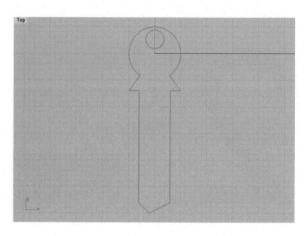

图 2-1-5

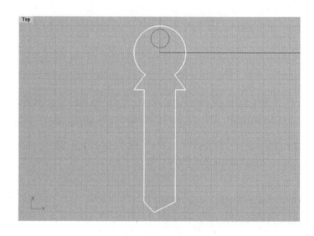

图 2-1-6

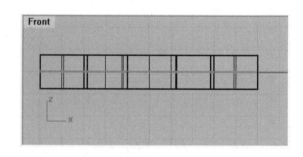

图 2-1-7

⑨ 拉伸完成后，所得到的效果如图2-1-8所示。

⑩ 下面利用同样的方法构建钥匙手柄部位的凹槽。在 Top 视图中执行工具栏中"圆，Circle，⊙"命令，键盘输入坐标：0，半径：4.65，创建一个圆，如图2-1-9所示。

⑪ 选择上一步所绘制的圆，执行"直线挤出，ExtrudeCrv，🖥"命令，拉伸的深度为0.75。注意选项：两侧（B）＝否，实体（S）＝是，图2-

1-10 是在 Front 视图中得到的效果。

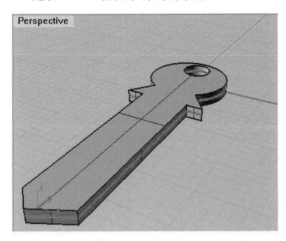

图 2-1-8

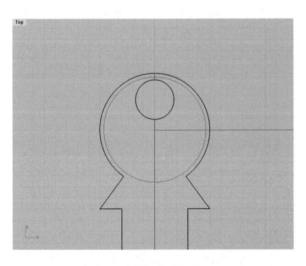

图 2-1-9

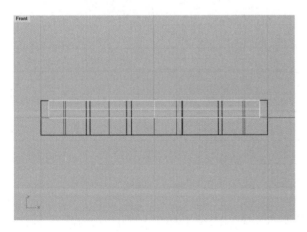

图 2-1-10

⑫ 按住键盘上的 Shift 键，选择上一步绘制的对象，将其向上平移，得到的效果如图 2-1-11 所示。

⑬ 继续选择该对象，执行"镜像，Mirror，

" 命令，键盘输入坐标：0，右击鼠标，按住键盘的 Shift 键，将鼠标平移，单击鼠标左键，镜像制作一个对象，如图 2-1-12 所示。

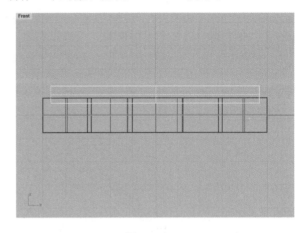

图 2-1-11

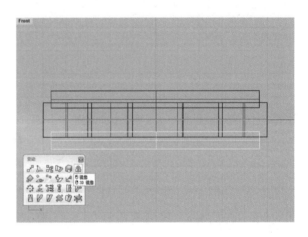

图 2-1-12

⑭ 执行"布尔差集运算，BooleanDifference，" 命令，然后根据消息提示框中的步骤进行操作（选择①，右击鼠标；选择②③，右击鼠标），如图 2-1-13 所示。

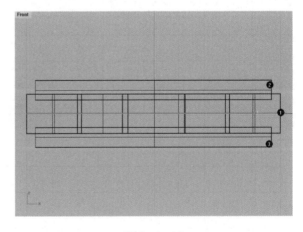

图 2-1-13

⑮ 在 Perspective 透视图中观察得到的结果，如图 2-1-14 所示。

⑯ 双击"Right"，将 Right 视图最大化，在 Right 视图中利用"控制点曲线，Curve，⊐"绘制曲线。在绘制后面 3 个点的时候，可以按住键盘上的 Shift 键，将 3 个点控制在同一条直线上，如图 2-1-15 所示。

注：如果所绘制的曲线与自己所想的不同，可以在 Right 视图中进行适当移动。

⑰ 单击下方状态栏中的"物件锁点"，选择"端点"选项，如图 2-1-16 所示。

图 2-1-14

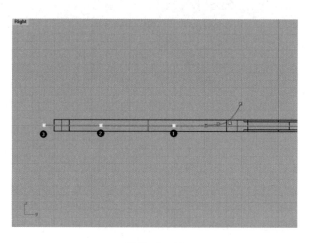

图 2-1-15

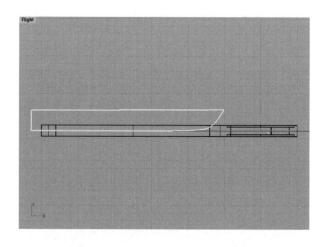

图 2-1-16

⑱ 在 Right 视图中，执行"多重直线，Polyline，⋏"命令，绘制如图 2-1-17 所示的直线。

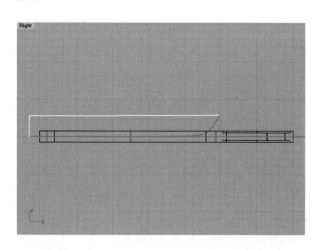

图 2-1-17

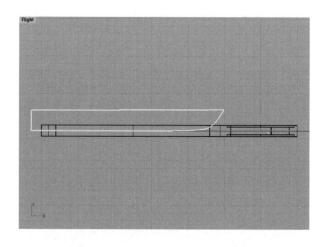

图 2-1-18

⑲ 按住键盘上的 Shift 键选择线段，执行"组合，Jion，🦋"，如图 2-1-18 所示。

⑳ 将 Top 视图最大化（视图最大化和视图还原等都是双击视图图标"Top""Front""Right""Perspective"），选择所绘制的曲线，执行"直线挤出，ExtrudeCrv，▣"命令，拉伸的深度为－1.4。注意选项：两侧（B）＝否，实体（S）＝是。选择绘制的对象，按住键盘上的 Shift 键向左移动，得到的效果如图 2-1-19 所示。

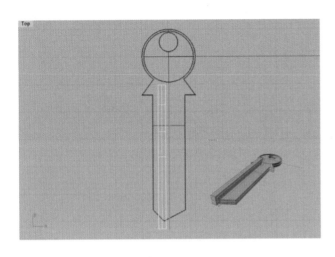

图 2 - 1 - 19

㉑ 选择曲线,单击鼠标右键,重复执行"直线挤出,ExtrudeCrv, ▣"命令,拉伸的深度为 3.2。注意选项:两侧(B)=否,实体(S)=是。如果所得到的结果与案例效果不同,读者可自行确定数值,效果如图 2 - 1 - 20 所示。

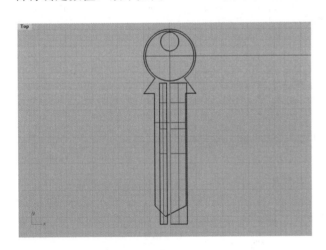

图 2 - 1 - 20

㉒ 执行"布尔差集运算,BooleanDifference, ◉"命令,然后按照消息提示框中的步骤进行操作(选择①,右击鼠标;选择②③,右击鼠标),如图 2 - 1 - 21 所示。

㉓ 得到的效果如图 2 - 1 - 22 所示。

㉔ 在 Top 视图中执行"多重直线,Polyline, ⚞"命令,绘制如图 2 - 1 - 23 所示的图形。

㉕ 选择上步所绘制图形,执行"直线挤出,ExtrudeCrv, ▣"命令,拉伸的深度为 2。注意选项:两侧(B)=是,实体(S)=是。得到的效果如图 2 - 1 - 24 所示。

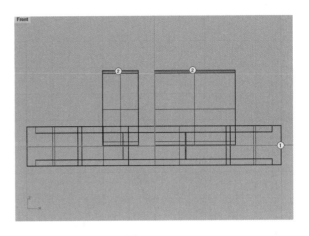

图 2 - 1 - 21

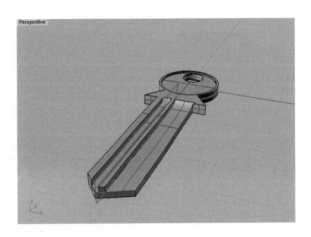

图 2 - 1 - 22

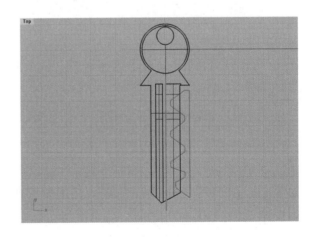

图 2 - 1 - 23

㉖ 执行"布尔差集运算,BooleanDifference, ◉"命令,然后按照消息提示框中的步骤进行操作(选择①,右击鼠标;选择②,右击鼠标),如图 2 - 1 - 25 所示。

㉗ 单击"图层"图标 ◈,弹出图层对话框,如图 2 - 1 - 26 所示。

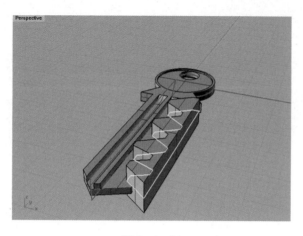

图 2-1-24

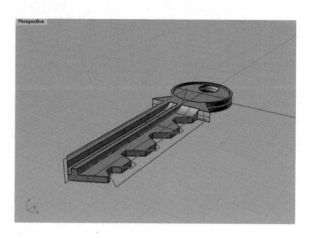

图 2-1-25

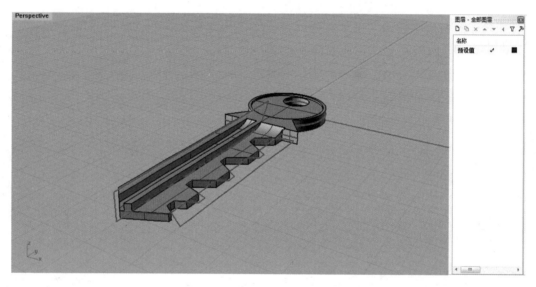

图 2-1-26

㉘ 在图层对话框中，单击"新图层"，输入图层的名称为"曲线"，如图 2-1-27 所示。

图 2-1-27

㉙ 执行选取命令中的"曲线"。选取所有曲线，如图 2-1-28 所示。

图 2-1-28

㉚ 右击"曲线"图层，单击"改变物件图层"，将所有曲线放于"曲线"图层中，如图 2-1-29 所示。

图 2-1-29

㉛ 点击"灯泡"图标，将所有曲线隐藏，然后单击"保存"图标 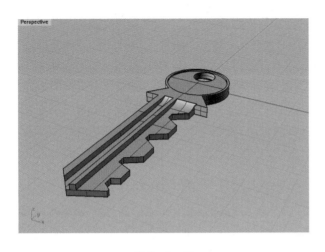 保存对象，如图 2-1-30 所示。

图 2-1-30

2.2　音箱建模

本节学习音箱的建模方法，通过制作音箱模型，帮助大家了解 Rhino 建模的整个流程。在本节中，大家将要学习的知识点如下：

● 了解建模的整体流程。

● 了解 Rhino 基本工具及使用方法。

● 主要运用的建模命令：圆，Circle，⊙；多重直线，Polyline，⋀；修剪，Trim，✂；组合，Join，✦；直线挤出，ExtrudeCrv，▣（该命令的选择：先找到 工具，然后鼠标左键长按该工具，在弹出的工具栏中即可找到）；布尔差集运算，BooleanDifference，◑；镜像，Mirror，▥（该命令的选择：先找到 工具，然后鼠标左键长按该工具，在弹出的工具栏中即可找到）。

① 打开 Rhino，在 Top 视图中执行工具栏中"立方体，Box，▣"命令，在消息栏中选择 **底面的第一角**（对角线(D) 三点(P) 垂直(V) 中心点，键盘输入"0"，按回车；底面的另一角或长度：20，按回车；宽度，按 Enter 套用长度：12，按回车；高度，按 Enter 套用宽度：30。鼠标右击"Perspective"，在弹出的菜单栏中选择

● **著色模式**，在 Perspective 视图中的效果如图 2-2-1所示。

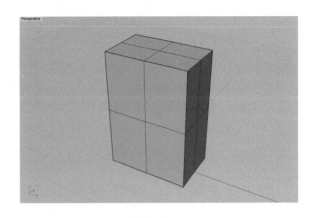

图 2-2-1

② 鼠标右击 ◐，执行"不等距边缘圆角，FilletEdge，▣"命令，键盘输入圆角半径 1.5，选择边缘，如图 2-2-2 所示。

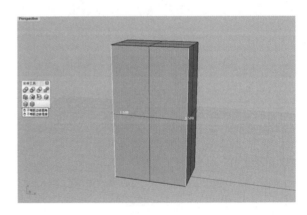

图 2-2-2

③ 单击鼠标右键两次，效果如图 2-2-3 所示。

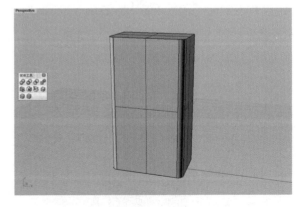

图 2-2-3

④ 将视图切换到 Front 视图，打开"锁定格点"，在竖向主轴线上创建两个圆：$R_1 = 4$，$R_2 =$

7.21，如图 2-2-4 所示。

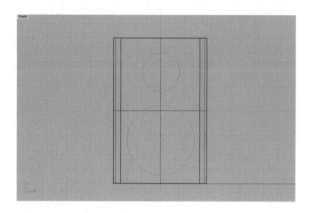

图 2-2-4

⑤ 按住键盘上的 Shift 键，选择新建的两个圆，执行"直线挤出，ExtrudeCrv，▢"命令。挤出的距离为：13。注意参数：两侧（B）＝是，实体（S）＝是。得到的效果如图 2-2-5 所示。

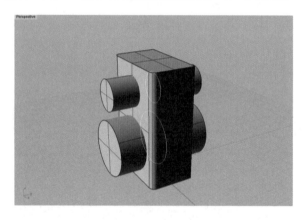

图 2-2-5

⑥ 执行"布尔差集运算，BooleanDifference，▨"，然后按照消息提示框中的步骤进行操作（选择①，右击鼠标；选择②③，右击鼠标），如图 2-2-6 所示。

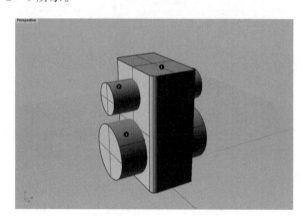

图 2-2-6

⑦ 得到的效果如图 2-2-7 所示。

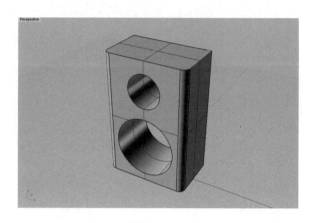

图 2-2-7

⑧ 鼠标右键单击"Perspective"图标，在弹出的界面中选择："设置工作平面：至物件"。鼠标左键单击音箱前面的曲面，如图 2-2-8 所示。

图 2-2-8

⑨ 设置视图：正对工作平面，如图 2－2－9 所示。

图 2－2－9

⑩ 绘制曲线（注意观察曲线位置），如图 2－2－10 所示。

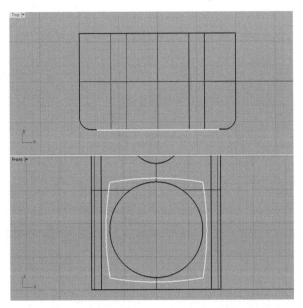

图 2－2－10

⑪ 执行"曲线圆角，Fillet，⤵"命令，对新建曲线倒圆角，R＝2，如图 2－2－11 所示。

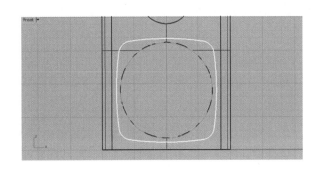

图 2－2－11

⑫ 执行"圆，Circle，⊙"命令，绘制如图 2－2－12所示的圆，与上图曲线在同一平面。

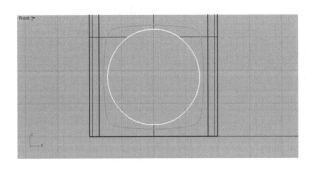

图 2－2－12

⑬ 选择前面两步绘制的曲线，执行"直线挤出，ExtrudeCrv，▮"命令，拉伸的深度为－0.25。注意选项：两侧（B）＝是，实体（S）＝是。图 2－2－13 是在 Perspective 视图中得到的效果。

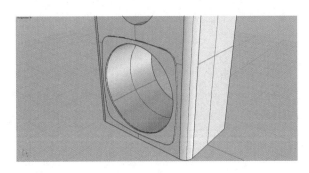

图 2－2－13

⑭ 利用同样的方法，绘制图 2－2－14 中的曲面。拉伸深度为－0.1。

⑮ 执行"多重直线，Polyline，Λ"命令，绘制如图 2－2－15 的直线（①为圆的中心线，②为圆的上边界线，③为圆左侧边界线，④为右侧任意线）。

⑯ 只保留上图四根直线，如图 2－2－16 所示。

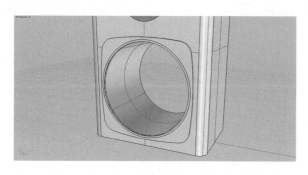

图 2-2-14

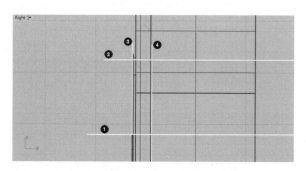

图 2-2-15

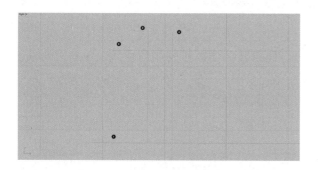

图 2-2-16

⑰ 绘制如图 2-2-17 的辅助线，辅助线绘制比较随意，但是要注意辅助线的大概位置和基本比例。

图 2-2-17

⑱ 执行"控制点曲线，Curve，□"命令，绘制轮廓曲线，如图 2-2-18 所示。

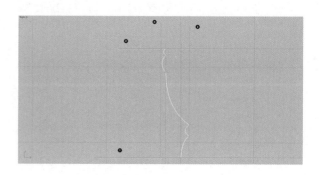

图 2-2-18

⑲ 执行"旋转成形，Revolve，▽"命令，以中心线作为旋转轴（起始角度 0°，旋转角度 360°），如图 2-2-19 所示。

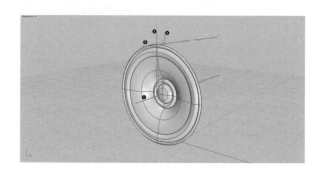

图 2-2-19

⑳ 显示其他曲面，效果如图 2-2-20 所示。

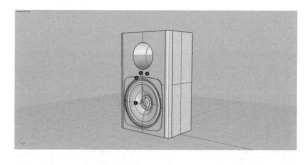

图 2-2-20

㉑ 重复上面的命令，绘制音箱上方圆孔的曲面，如图 2-2-21 所示。

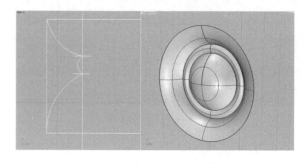

图 2-2-21

㉒ 绘制完成后，效果如图2-2-22所示。

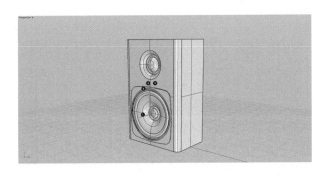

图2-2-22

㉓ 下面我们创建音箱的装饰部件。执行"直线，Line，✏"命令，捕捉第⑪步倒角圆的圆心，绘制直线，如图2-2-23所示。

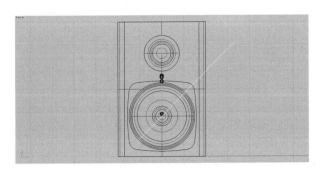

图2-2-23

㉔ 隐藏其他物件，只保留如下图的物件和新建的直线，执行"修剪，Trim，✂"命令，通过保留的物件对直线进行修剪，修剪后效果如图2-2-24所示。

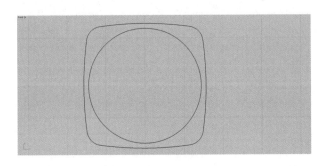

图2-2-24

㉕ 打开"物件锁点"中的"中点"，执行"圆柱体，Cylinder，🛢"命令，捕捉上步修剪直线的中点，绘制一个半径0.8、高0.3的圆柱体，如图2-2-25所示。

㉖ 执行"立方体，Box，⬛"命令，选择"中心点"的选项，绘制如图2-2-26的立方体。

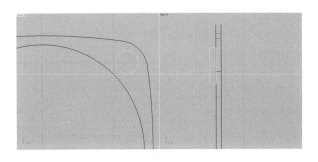

图2-2-25

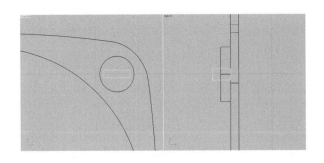

图2-2-26

㉗ 执行"2D旋转，Rotate，🔄"命令，更改选项：复制＝是。按住键盘上的Shift键，将长方体旋转90°，如图2-2-27所示。

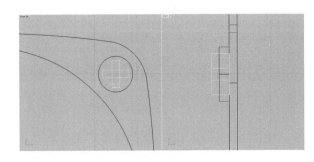

图2-2-27

㉘ 执行"布尔联集运算，BooleanUnion，🔵"命令，将两个长方体合并为一个整体，然后按住Shift键，在Right视图中对其进行适当的调整，效果如图2-2-28所示。

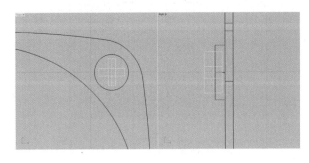

图2-2-28

㉙ 执行"布尔差集运算，BooleanDifference，⬤"命令，然后按照消息提示框中的步骤对圆柱进行操作，如图 2-2-29 所示。

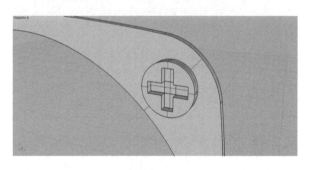

图 2-2-29

㉚ 选中上步绘制的物件，在 Front 视图中执行"环形阵列，ArrayPolar，❀"命令，环形阵列中心点为圆的中心点，阵列数为 4，旋转角度总和为 360°，然后按回车键 2 次，如图 2-2-30 所示。

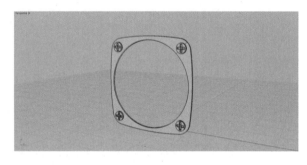

图 2-2-30

㉛ 打开图层管理器，新建一个 TC 图层，将所有曲线放置在 TC 图层中，并关闭该图层的"显示"，效果如图 2-2-31 所示。

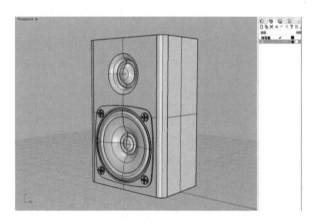

图 2-2-31

㉜ 在 Front 视图中执行"圆柱管，Tube，

⬛"命令，创建圆管，圆管高度为 2，如图 2-2-32 所示。

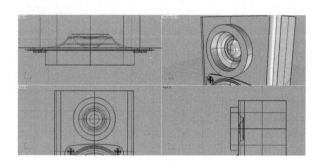

图 2-2-32

㉝ 执行"不等距边缘圆角，FilletEdge，⬛"命令，分别对圆管内外圆执行导角命令，内圆圆角半径为 0.2，外圆圆角半径为 0.5，如图 2-2-33 所示。

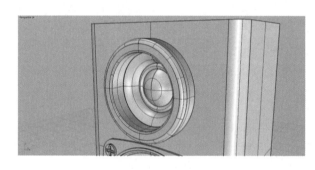

图 2-2-33

㉞ 隐藏其他物件，绘制如图 2-2-34 的图形。

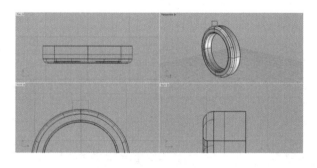

图 2-2-34

㉟ 执行"直线挤出，ExtrudeCrv，⬛"命令，注意选项：两侧（B）＝是，实体（S）＝是。要对挤出物件进行适当调整，效果如图 2-2-35 所示。

㊱ 在 Front 视图中执行"环形阵列，ArrayPolar，❀"命令，环形阵列中心点为圆的中心点，阵列数为 3，旋转角度总和为 360°，然后按回车键 2 次，如图 2-2-36 所示。

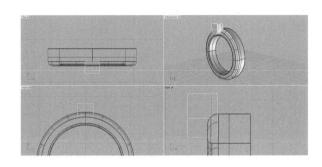

图 2 - 2 - 35

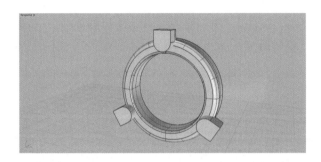

图 2 - 2 - 36

㉛ 执行"布尔差集运算，BooleanDifference，"命令，然后按照消息提示框中的步骤进行操作，如图 2 - 2 - 37 所示。

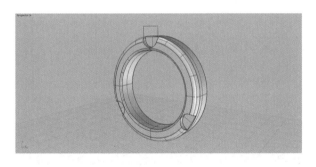

图 2 - 2 - 37

㉚ 重复执行㉕至㉙，绘制螺钉，效果如图 2 - 2 - 38 所示。

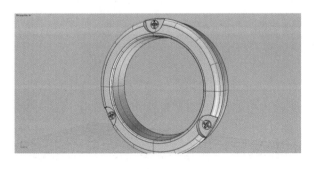

图 2 - 2 - 38

㉜ 执行"群组，Group，"命令，将螺钉和圆环进行组合。按住 Shift 键，对群组对象进行适当的平移，最后效果如图 2 - 2 - 39 所示。

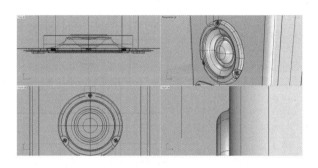

图 2 - 2 - 39

㊵ 创建装饰孔，最终效果如图 2 - 2 - 40 所示。

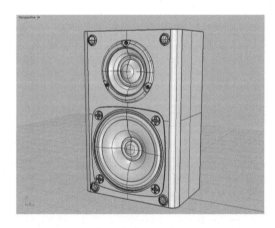

图 2 - 2 - 40

2.3　联想鼠标建模

本节学习联想鼠标的建模方法，通过制作联想鼠标模型，帮助大家了解 Rhino 建模的整个流程。在本节中，大家将要学习的知识点如下：

● 了解建模的整体流程。

● 了解 Rhino 基本工具及使用方法。

● 新增的建模命令：设置 xyz 坐标，SetPt，；以二、三或四个边缘曲线创建曲面，EdgeSrf，；双轨扫描，Sweep2，；以直线延伸，Type = Line，；曲线重建，Rebuild，。

① 打开 Rhino，在 Top 视图中执行工具栏中

的"矩形：中心点、角，Rectangle，⬚"命令，在适当的位置单击鼠标左键，在 Top 视图中的效果如图2-3-1所示。

图 2-3-1

② 执行"炸开，Explode，⚒"命令，将矩形炸开为 4 条直线。

③ 框选左侧直线，执行"曲线重建，Rebuild，💃"命令，设置参数：5 点、2 阶，如图 2-3-2 所示。

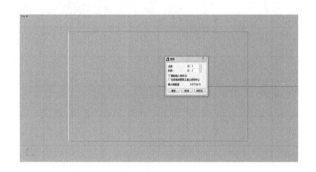

图 2-3-2

④ 执行"打开点，PointsOn，🖐"命令，如图 2-3-3 所示。

图 2-3-3

⑤ 选择左侧中间的 3 个点，按住 Shift 键，将这 3 个点往外移动，如图 2-3-4 所示。

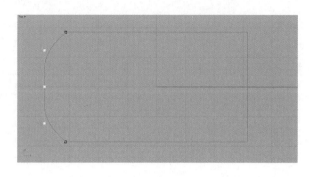

图 2-3-4

⑥ 框选左上方 2 个控制点，执行"设置 xyz 坐标，SetPt，▦"命令，只勾选"设置 y"，捕捉左侧的端点，如图 2-3-5 所示。

图 2-3-5

⑦ 最后效果如图 2-3-6 所示。

图 2-3-6

⑧ 用同样的方法设置其他的点，如图 2-3-7 所示。

图 2-3-7

⑨ 调整中间点的位置，如图 2-3-8 所示。

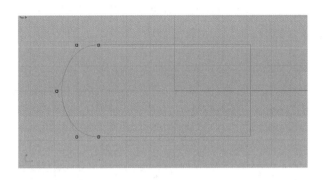

图 2-3-8

⑩ 重建右边的曲线，设置参数：3 点、2 阶，并对曲线进行适当调整，效果如图 2-3-9 所示。

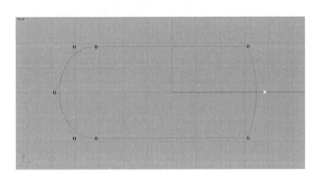

图 2-3-9

⑪ 对上一步所修改曲线进行复制、粘贴，按住 Shift 键进行平移，效果如图 2-3-10 所示。

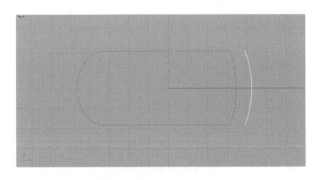

图 2-3-10

⑫ 将视图切换到 Front 并对曲线进行平移，如图 2-3-11 所示。

⑬ 打开"端点"和"中点"捕捉，执行"多重直线，Polyline，⋀"命令，在 Perspective 视图中分别连接 2 条曲线的端点和中点，效果如图 2-3-12 所示。

⑭ 对 3 条曲线进行重建，设置参数：5 点、2 阶，选取中间的 3 个点，如图 2-3-13 所示。

图 2-3-11

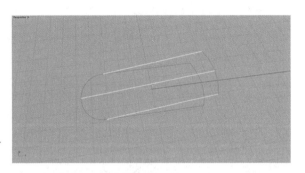

图 2-3-12

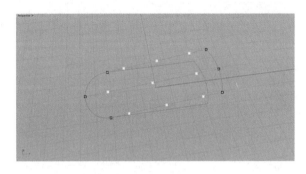

图 2-3-13

⑮ 将视图切换到 Front，对曲线进行调整，如图 2-3-14 所示。

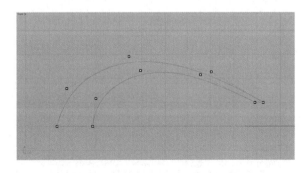

图 2-3-14

⑯ 在 Perspective 视图中执行"多重直线，Polyline，⋀"命令，分别连接 2 条曲线的端点，如图 2-3-15 所示。

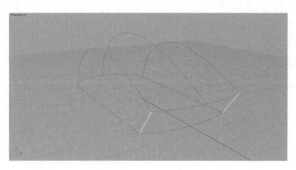

图 2-3-15

⑰ 执行"双轨扫描，Sweep2，⚙"命令，按下图顺序依次点击曲线，如图 2-3-16 所示（注意观察消息提示框）。

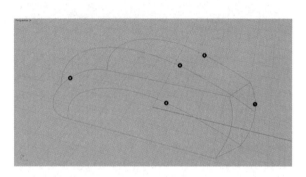

图 2-3-16

⑱ 效果如图 2-3-17 所示。

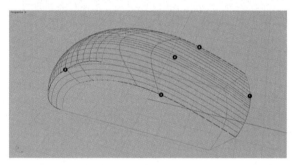

图 2-3-17

⑲ 按照同样的方法对前端创建曲面，如图 2-3-18所示。

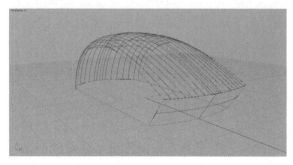

图 2-3-18

⑳ 执行"以二、三或四个边缘曲线创建曲面，EdgeSrf，▣"命令，创建底面和两个侧面的曲面，如图 2-3-19 所示。

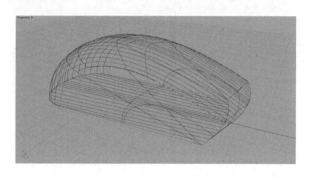

图 2-3-19

㉑ 将全部曲面组合，视图模式改为着色模式，效果如图 2-3-20 所示。

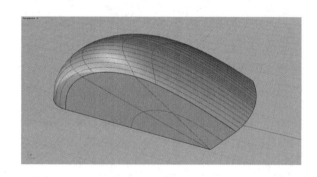

图 2-3-20

㉒ 选取侧面曲线，在 Front 视图中对曲线进行偏移，如图 2-3-21 所示。

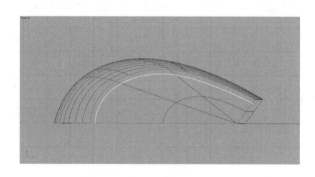

图 2-3-21

㉓ 执行"以直线延伸，Type＝Line，✎"命令，对曲线进行延伸，效果如图 2-3-22 所示。

㉔ 偏移上步曲线，如图 2-3-23 所示。

㉕ 将 2 条曲线的端点相连并执行"组合，Join，⚙"命令，将这 4 条曲线组合成一个封闭的曲线，如图 2-3-24 所示。

㉖ 直线挤出封闭曲线，得到一个实体，如图 2-3-25所示。

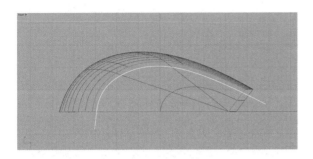

图 2-3-22

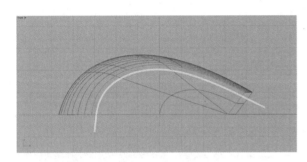

图 2-3-23

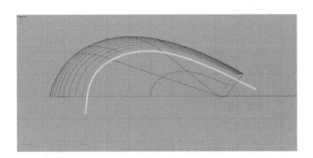

图 2-3-24

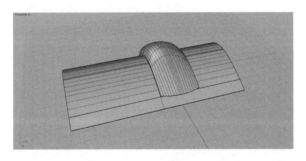

图 2-3-25

㉗ 执行"布尔差集运算，BooleanDifference，"命令，对两个实体进行修剪，如图 2-3-26 所示。

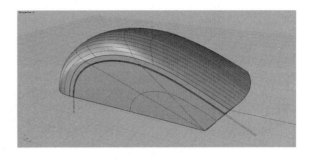

图 2-3-26

㉘ 在图层管理器中新建 3 个图层并进行颜色区分，将物件放入相应图层中，如图 2-3-27 所示。

图 2-3-27

㉙ 最终效果如图 2-3-28 所示。

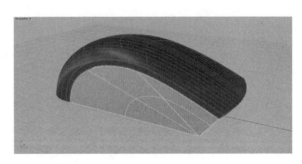

图 2-3-28

3

第3章　曲线实例建模

本章主要是利用曲线工具完成台电U盘、茶壶的建模，所涉及的命令将会在每个实例建模中具体罗列出来，希望读者在学习实例建模之前一定要将命令浏览一遍。

3.1 台电U盘建模

本节学习台电U盘的建模方法，通过制作台电U盘模型，帮助大家巩固Rhino建模的整个流程。在本节中，大家将要学习的知识点如下：

● 了解曲面建模的整体流程。

● 了解Rhino曲线工具及使用方法。

● 主要运用的建模命令：放置背景图，BackgroundBitmap，![icon]；对齐背景图，Align，![icon]；多重直线，Polyline，![icon]；修剪，Trim，![icon]；组合，Join，![icon]；直线挤出，ExtrudeCrv，![icon]；镜像，Mirror，![icon]；放样，Loft，![icon]；反转方向，Flip，![icon]；设置 xyz 坐标，SetPt，![icon]。

① 打开Rhino，模板选择"大模型－毫米"，在Front视图中执行"放置背景图，BackgroundBitmap，![icon]"命令，将"台电U盘"文件中文件名为Front的图片置入。按照同样的方法将文件名为Right的图片置入，如图3-1-1所示。

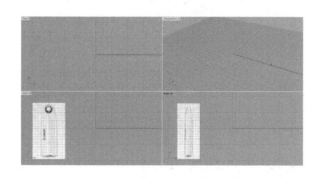

图 3-1-1

② 打开"格线选项"去掉"显示格线"的勾选，将格线隐藏，同时取消"灰阶"显示，如图3-1-2所示。

图 3-1-2

③ 在Front视图中，从原点出发创建一条高为64的直线和一条以原点为中点、长21的直线，如图3-1-3所示。

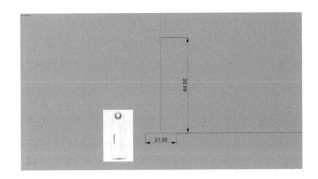

图 3-1-3

④ 绘制 U 盘边界，如图 3-1-4 所示。

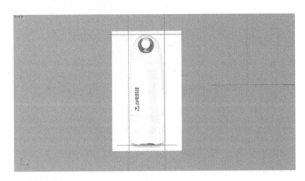

图 3-1-4

⑤ 修剪边界并绘制一条中线，如图 3-1-5 所示。

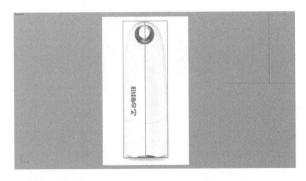

图 3-1-5

⑥ 执行"对齐背景图，Align，"命令，按照提示完成图片与线段的对齐，如图 3-1-6 所示。

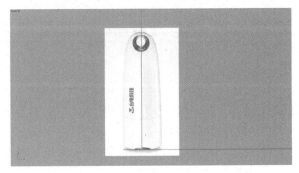

图 3-1-6

⑦ 按照同样的方法对齐 Right 视图中的图片与垂线，如图 3-1-7 所示。

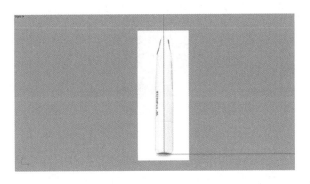

图 3-1-7

⑧ 对垂直曲线进行重建，设置参数：4 点、2 阶，如图 3-1-8 所示。

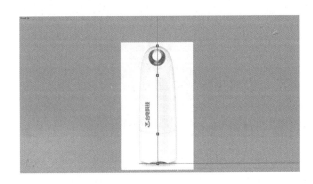

图 3-1-8

⑨ 框选下面 3 点，移动至水平直线端点处，如图 3-1-9 所示。

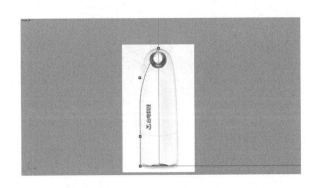

图 3-1-9

⑩ 选择上方 2 个点执行"设置 xyz 坐标，SetPt，"命令，只勾选"设置 z"，如图 3-1-10 所示。

⑪ 设置 Z 之后，选择第 2 个曲线控制点进行适当调整（调整时，按住 Shift 键进行水平方向约束），效果如图 3-1-11 所示。

⑫ 按一下 Esc 键，退出控制点操作，选择曲线，在 Perspective 视图中对曲线进行环形整列，阵列中心（0，0），数量：4，如图 3-1-12 所示。

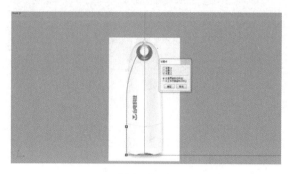

图 3-1-10

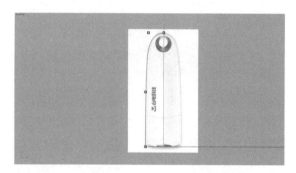

图 3-1-11

图 3-1-12

⑬ 在 Right 视图中，通过调整控制点对曲线造型进行调整，效果如图 3-1-13 所示。

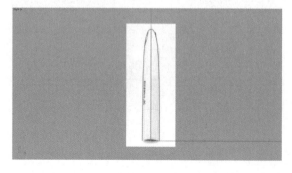

图 3-1-13

⑭ 在 Perspective 视图中执行"放样，Loft， "命令，按图中顺序依次点击曲线，单击鼠标右键结束命令，在弹出的界面中勾选"封闭放样"，如图 3-1-14 所示。

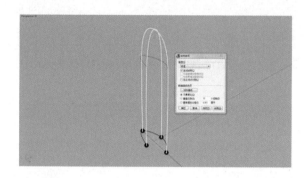

图 3-1-14

⑮ "着色模式"的效果如图 3-1-15 所示。

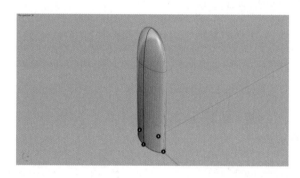

图 3-1-15

⑯ 选择创建的曲面，执行"复制面的边框，DupFaceBorder， "命令并隐藏复制的曲线，如图 3-1-16 所示。

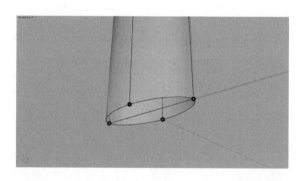

图 3-1-16

⑰ 对底面直线进行重建（第③步中创建），设置参数：3点、2阶，调整点，如图 3-1-17 所示，得到曲线②。

⑱ 按照"创建直线→曲线重建→调点"的方法，创建图 3-1-18 中的曲线①。

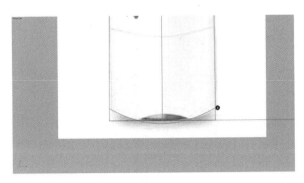

图 3 - 1 - 17

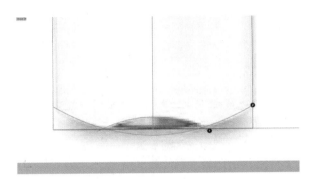

图 3 - 1 - 18

⑲ 复制、粘贴曲线②，按住键盘上的 Shift 键，将曲线②移至下图位置，得到曲线③④，如图 3 - 1 - 19 所示。

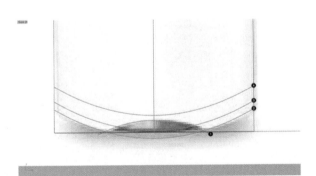

图 3 - 1 - 19

⑳ 创建曲线⑤，如图 3 - 1 - 20 所示。

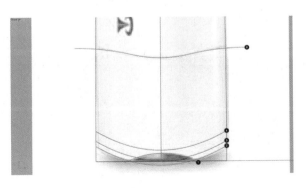

图 3 - 1 - 20

㉑ 在 Rhino 选项中设置曲面背面颜色为橙色，如图 3 - 1 - 21 所示。

图 3 - 1 - 21

㉒ 点击 U 盘主体，执行"将平面洞加盖，Cap，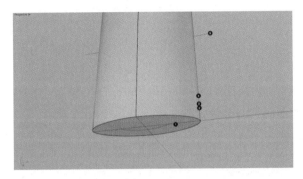"命令，封闭 U 盘底部，形成一个实体，如图 3 - 1 - 22 所示。

图 3 - 1 - 22

㉓ 对曲线①执行"直线挤出，ExtrudeCrv，"命令，曲面背面朝下（更改曲面正反：执行"反转方向，Flip，"命令），如图 3 - 1 - 23 所示。

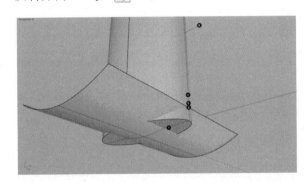

图 3 - 1 - 23

㉔ 执行"布尔差集运算，BooleanDifference，"，对曲面进行修剪，如图 3 - 1 - 24 所示。

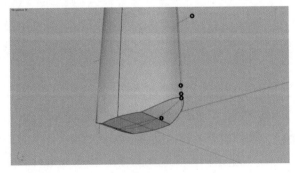

图 3 - 1 - 24

㉕ 对曲线⑤执行"直线挤出，ExtrudeCrv，⬛"命令，如图3-1-25所示。

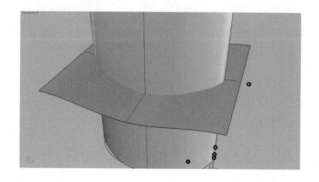

图 3-1-25

㉖ 复制上步挤出的曲面和 U 盘主体。执行"布尔差集运算，BooleanDifference，⬤"，对主体和曲面进行修剪，如图3-1-26所示。

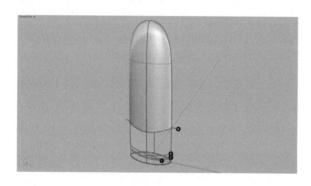

图 3-1-26

㉗ 隐藏所有的物件，执行"粘贴"命令，得到下面的物件并改变曲面的正反面，如图 3-1-27 所示。

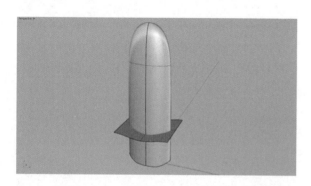

图 3-1-27

㉘ 执行"布尔差集运算，BooleanDifference，⬤"，效果如图 3-1-28 所示。

㉙ 显示第⑯步复制的边缘，使曲线偏移，如图 3-1-29 所示。

㉚ 执行"直线挤出，ExtrudeCrv，⬛"命令，创建实体，如图 3-1-30 所示。

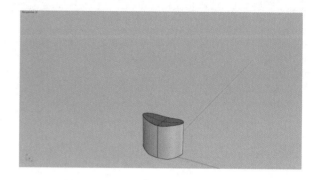

图 3-1-28

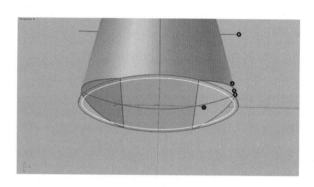

图 3-1-29

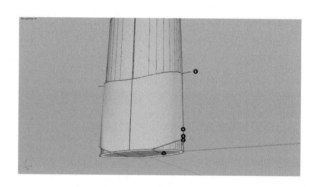

图 3-1-30

㉛ 创建曲线图层，将所有曲线放置进去并隐藏曲线图层，如图 3-1-31 所示。

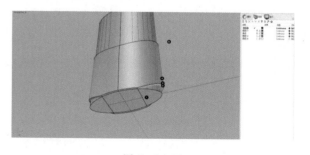

图 3-1-31

㉜ 复制场景中的两个实体，执行"布尔交集运算，BooleanIntersection，⬭"命令，效果如图 3-1-32 所示。

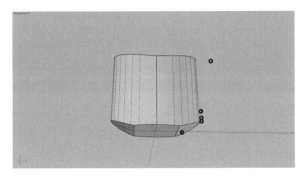

图 3-1-32

㉝ 改变物件图层并将其隐藏，如图 3-1-33 所示。

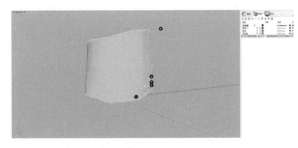

图 3-1-33

㉞ 在场景中执行"粘贴"命令，并执行"布尔差集运算，BooleanDifference，⬭"命令，将得到的实体置入新的图层，如图 3-1-34 所示。

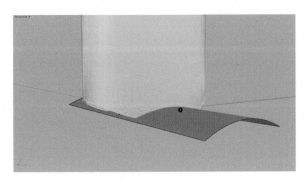

图 3-1-34

㉟ 对曲线①执行"直线挤出，ExtrudeCrv，⬛"命令，得到曲面并显示如图 3-1-35 中的物件。

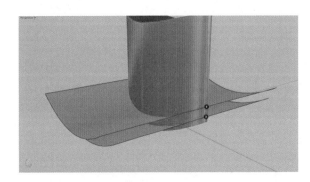

图 3-1-35

㊱ 对场景中物件执行"布尔差集运算，BooleanDifference，⬭"命令，效果如图 3-1-36 所示。

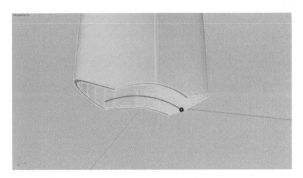

图 3-1-36

㊲ 保留③④曲线和场景中的物件，并对③④曲线执行"直线挤出，ExtrudeCrv，⬛"命令，如图 3-1-37 所示。

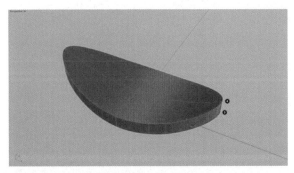

图 3-1-37

㊳ 对场景中的物件执行"布尔差集运算，BooleanDifference，⬭"，效果如图 3-1-38 所示。

图 3-1-38

㊴ U 盘部分效果如图 3-1-39 所示。

㊵ 在 Front 视图中，执行"三点圆，Circle，◌"命令，绘制如图 3-1-40 的图形。

㊶ 执行"直线挤出，ExtrudeCrv，⬛"命令，绘制圆柱实体，如图 3-1-41 所示。

㊷ 执行"布尔差集运算，BooleanDifference，⊘"命令，对主体进行修剪，如图 3－1－42 所示。

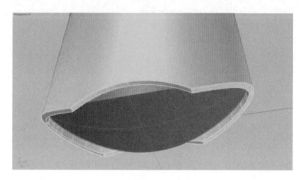

图 3－1－39

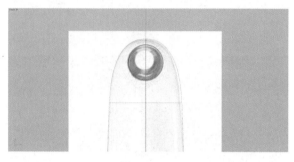

图 3－1－40

图 3－1－41

图 3－1－42

㊸ 执行"复制面边缘，DupFaceBorder，⬚"命令，选取内部曲面，创建边缘，如图 3－1－43 所示。

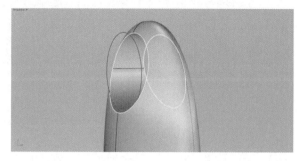

图 3－1－43

㊹ 隐藏其余物件，只保留如图 3－1－44 的曲线。

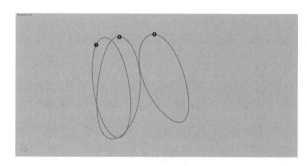

图 3－1－44

㊺ 选取曲线 ①，执行"直线挤出，ExtrudeCrv，⬚"命令，如图3－1－45所示。

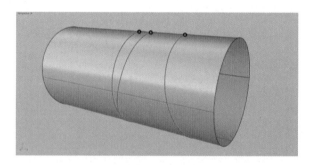

图 3－1－45

㊻ 利用曲线 ②，对曲面进行修剪，如图 3－1－46所示。

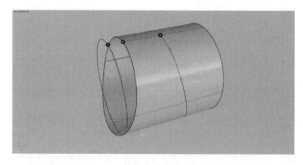

图 3－1－46

㊼ 在 Right 视图中绘制曲线④，如图 3－1－47 所示。

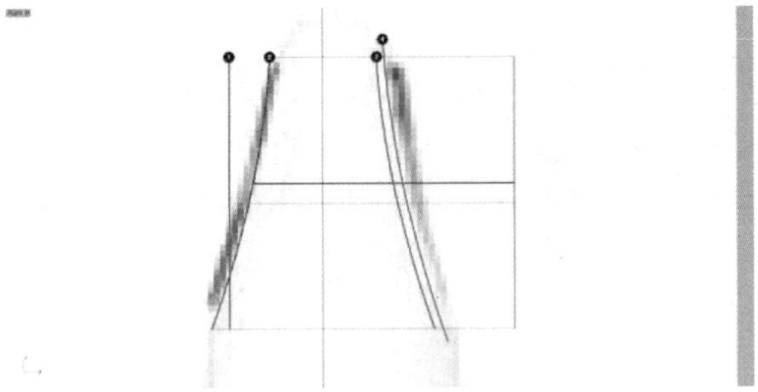

图 3－1－47

㊽ 在 Right 视图中，利用曲线④对曲面进行修剪，如图 3－1－48 所示。

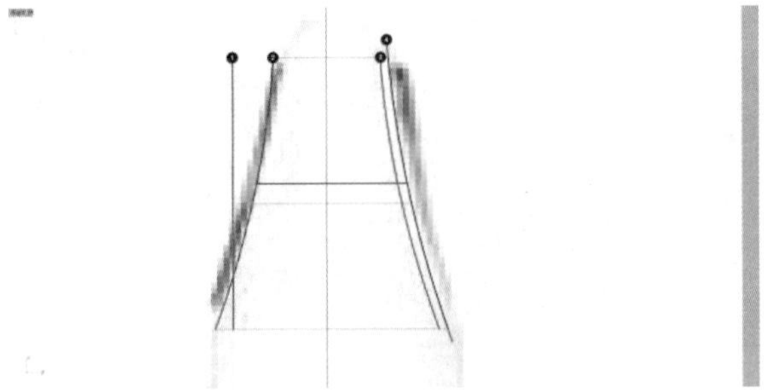

图 3－1－48

㊾ 执行“复制面边缘，DupFaceBorder，”命令，复制曲面边缘，得到曲线⑤，如图 3－1－49 所示。

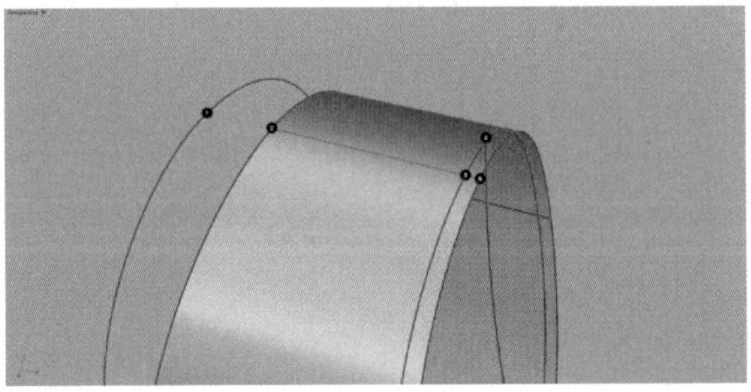

图 3－1－49

㊿ 在 Front 视图中，执行“三点圆，Circle，”命令，得到曲线⑥，如图 3－1－50 所示。

(51) 在 Perspective 视图中，只保留曲线②⑤⑥，如图 3－1－51 所示。

(52) 选取 3 条曲线，在 Front 视图中执行“断面线，Section，”命令，从原点处绘制一条垂线，得到 6 个点，删除下方的 3 个点，如图 3－1－52 所示。

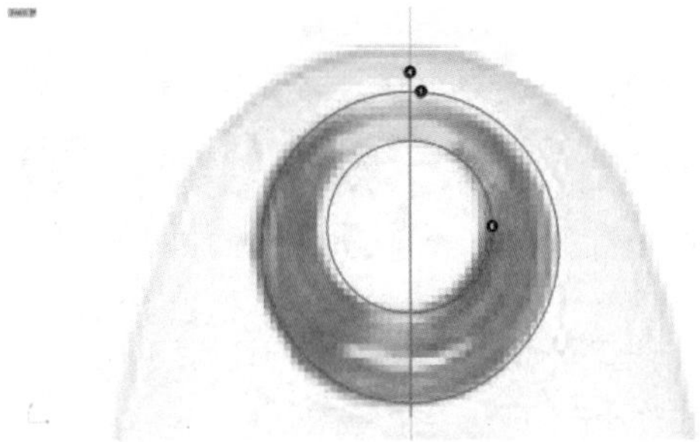

图 3－1－50

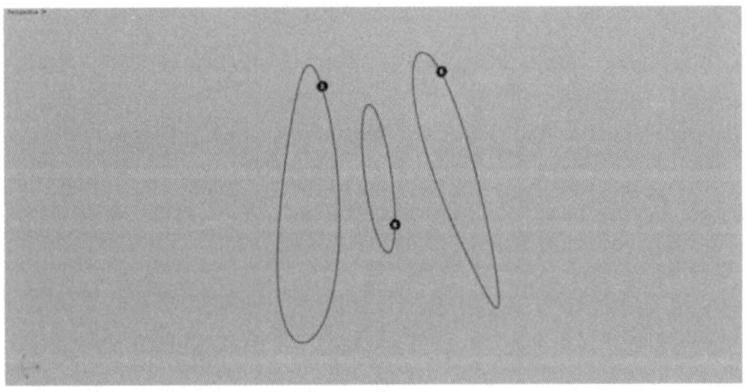

图 3－1－51

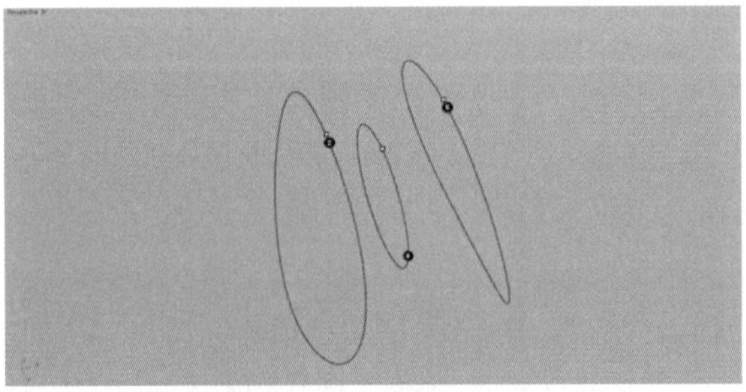

图 3－1－52

(53) 执行“放样，Loft，”命令，依次选择②⑤⑥曲线并调整“接缝点”，调整后的效果如图 3－1－53 所示。

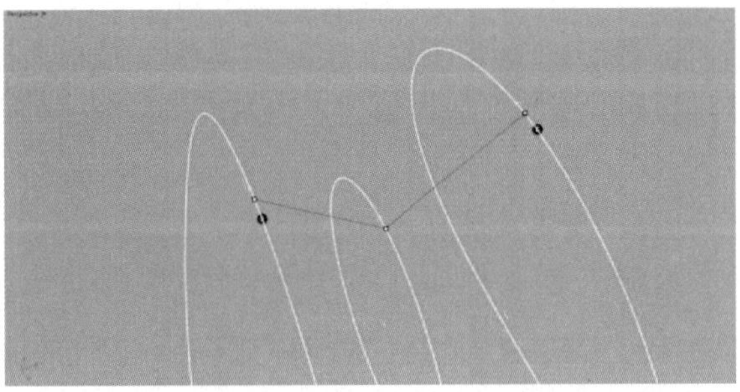

图 3－1－53

㊹ 调整结束后，在弹出的对话框中设置"重建点数 10 个控制点"，点击"确定"，如图 3-1-54 所示。

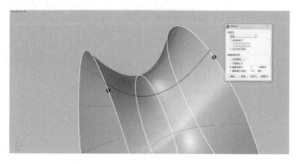

图 3-1-54

㊺ 只显示下图 2 个曲面，执行"组合，Join，⬡"命令，将 2 个曲面组合，如图 3-1-55 所示。

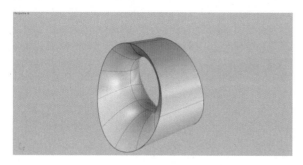

图 3-1-55

㊻ 执行"不等距边缘圆角，FilletEdge，⬜"命令，点选"连锁边缘"，圆角半径：0.02，选择曲面的边缘，如图 3-1-56 所示。

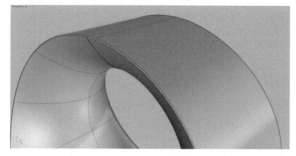

图 3-1-56

㊼ 按下图管理图层。将对应物件置入相关图层并隐藏"曲线"图层和"点"图层，如图 3-1-57 所示。

图 3-1-57

㊽ 绘制效果如图 3-1-58 所示。

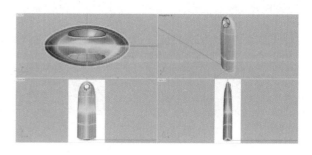

图 3-1-58

3.2　茶壶建模

本节学习茶壶的建模方法，通过制作茶壶模型，帮助大家巩固 Rhino 建模的整个流程。在本节中，大家将要学习的知识点如下：

● 了解建模的整体流程。

● 了解 Rhino 基本工具及使用方法。

① 打开 Rhino，在 Right 视图中执行"控制点曲线，Curve，⬚"命令，绘制如图 3-2-1 的曲线。

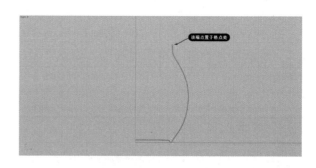

图 3-2-1

② 执行"曲线偏移，Offset，⬚"命令，偏移距离：1，如图 3-2-2 所示。

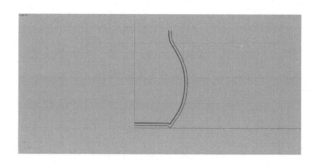

图 3-2-2

③ 创建一个矩形，执行"修剪，Trim，✂"命令，对曲线进行修剪，如图 3-2-3 所示。

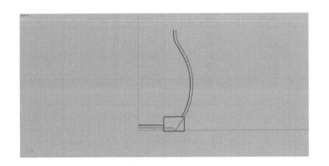

图 3-2-3

④ 执行"弧形混接，ArcBlend，🔧"命令，对上步修剪曲线进行混接，如图 3-2-4 所示。

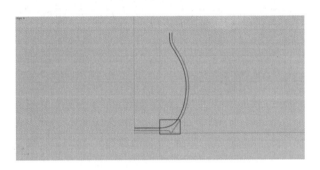

图 3-2-4

⑤ 打开"锁定格点"，执行"控制点曲线，Curve，📐"命令，创建曲线，如图 3-2-5 所示。

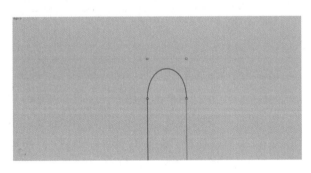

图 3-2-5

⑥ 将茶壶轮廓线进行组合，如图 3-2-6 所示。

⑦ 执行"旋转成形，Revolve，🍶"命令，以垂直轴为旋转轴，旋转角度为 360°，创建曲面，如图 3-2-7 所示。

⑧ 执行"控制点曲线，Curve，📐"命令，绘制如图3-2-8的曲线。

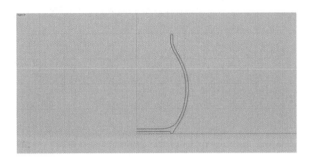

图 3-2-6

图 3-2-7

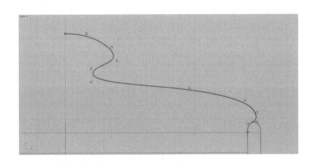

图 3-2-8

⑨ 执行"曲线偏移，Offset，🔧"命令，偏移距离：1，如图 3-2-9 所示。

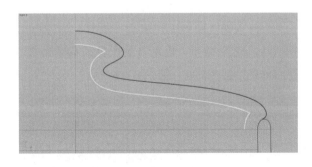

图 3-2-9

⑩ 创建 2 个矩形，执行"修剪，Trim，✂"命令，对曲线进行修剪，如图 3-2-10 所示。

⑪ 将下端曲线适当往上移动（移动时按住键

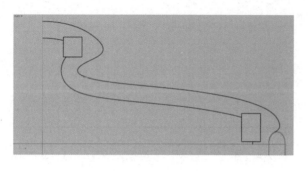

图 3 - 2 - 10

盘上的 Shift 键，保证曲线垂直移动），如图 3 - 2 - 11 所示。

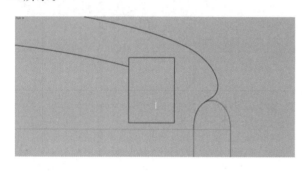

图 3 - 2 - 11

⑫ 执行"弧形混接，ArcBlend， 🔙 "命令，对曲线进行混接，如图 3 - 2 - 12 所示。

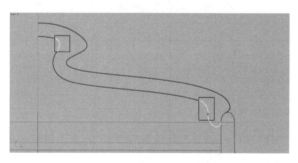

图 3 - 2 - 12

⑬ 将茶壶盖曲线进行组合，执行"旋转成形，Revolve， 🔧 "命令，以垂直轴为旋转轴，旋转角度为 360°，创建曲面，如图 3 - 2 - 13 所示。

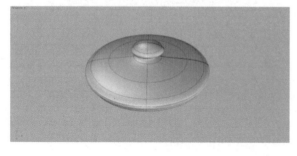

图 3 - 2 - 13

⑭ 管理图层，将相关曲面置入相关图层中，如图 3 - 2 - 14 所示。

名称			材质	线型	打印线宽
预设值	✓	■		Continuous	◆ 预设值
壶嘴	♀ 🔓	■		Continuous	◆ 预设值
壶把手	♀ 🔓	■		Continuous	◆ 预设值
图层 02	♀ 🔓	■		Continuous	◆ 预设值
壶盖	♀ 🔓	■		Continuous	◆ 预设值
壶身	♀ 🔓	■		Continuous	◆ 预设值
轮廓曲线	♀ 🔓	□		Continuous	◇ 预设值
注解	♀ 🔓	■		Continuous	◆ 预设值

图 3 - 2 - 14

⑮ 执行"控制点曲线，Curve， ⬚ "命令，绘制如图 3 - 2 - 15 的壶嘴曲线。

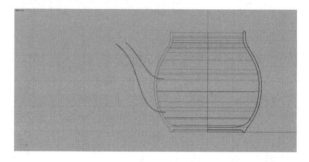

图 3 - 2 - 15

⑯ 执行"椭圆：从中心点，Ellipse， ⊕ "命令。在 Pespective 视图中绘制椭圆，绘制大椭圆时，在 Front 视图中观察；绘制小椭圆时，在 Top 视图中观察，如图 3 - 2 - 16 所示。

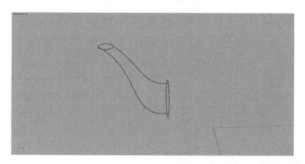

图 3 - 2 - 16

⑰ 执行"双轨扫描，Sweep2， 📖 "命令，以 2 条曲线为"路径"，椭圆为"断面曲线"，如图 3 - 2 - 17 所示。

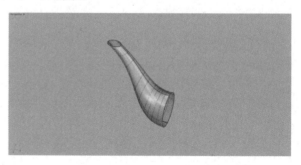

图 3 - 2 - 17

⑱ 选取"壶嘴"和"壶身"执行"物件交集，Intersect，"命令，得到 2 条交线，只保留图中曲线，将另一条删除，如图 3-2-18 所示。

图 3-2-18

⑲ 选取曲线，执行"圆管，Pipe，"命令，圆管半径为：1，如图 3-2-19 所示。

图 3-2-19

⑳ 按住 Shift 键的同时选择"壶嘴""圆管""壶身"，执行"物件交集，Intersect，"命令，得到多条交线，只保留图中曲线，将其余删除。得到效果如图 3-2-20 所示。

图 3-2-20

㉑ 执行"偏移曲面，OffsetSrf，"命令，使壶嘴向内偏移。注意：距离（D）＝0.5，角（C）＝圆角，实体（S）＝否，松弛（L）＝否，公差（T）＝0.01，两侧（B）＝否，全部反转（F）。得到的效果如图 3-2-21 所示。

图 3-2-21

㉒ 在 Right 视图中创建一条水平直线，如图 3-2-22 所示。

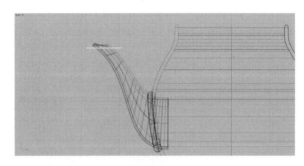

图 3-2-22

㉓ 对壶嘴曲面进行修剪，如图 3-2-23 所示。

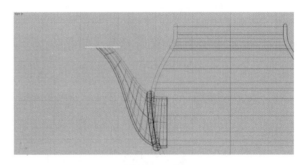

图 3-2-23

㉔ 对上步修剪直线执行"直线挤出，ExtrudeCrv，"命令，得到曲面，如图 3-2-24 所示。

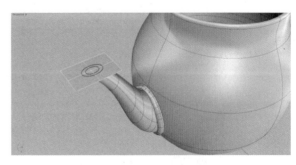

图 3-2-24

㉕ 对曲面进行修剪，如图 3-2-25 所示。

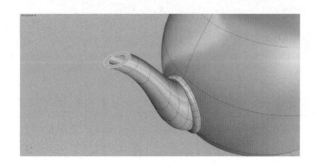

图 3-2-25

㉖ 执行"曲面圆角，FilletSrf， ⬜"命令。注意：半径（R）＝0.20，延伸（E）＝是，修剪（T）＝是。还要对壶嘴曲面进行倒圆角处理，如图3-2-26所示。

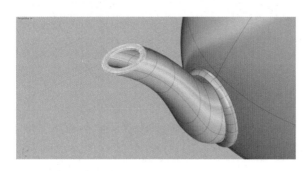

图 3-2-26

㉗ 利用曲线对曲面进行修剪，如图 3-2-27 所示。

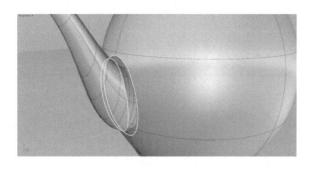

图 3-2-27

㉘ 利用壶嘴内壁和壶身产生交线，如图3-2-28所示。

㉙ 重复第⑲⑳步的步骤，产生 2 条交线，如图 3-2-29 所示。

㉚ 利用曲线对壶嘴内壁和壶身进行修剪，如图 3-2-30 所示。

㉛ 执行"混接曲面，BlendSrf， ⬜"命令，

分别对壶嘴外壁和壶身外壁、壶嘴内壁和壶身内壁进行混接。注意：自动连锁（A）＝是，连锁连续性（C）＝曲率，方向（D）＝两方向，接缝公差（G）＝0.01，角度公差（N）＝1。得到的效果如图 3-2-31 所示。

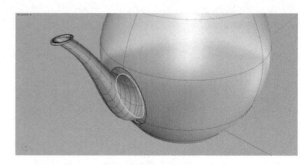

图 3-2-28

图 3-2-29

图 3-2-30

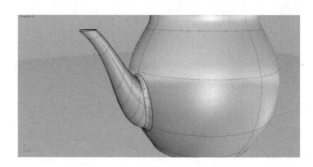

图 3-2-31

㉜ 在 Right 视图中绘制曲线，如图 3-2-32 所示。

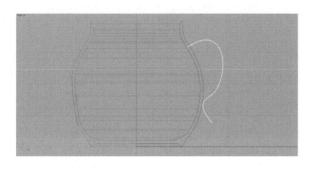

图 3 - 2 - 32

㉝ 对曲线进行重建，设置参数：15 点、3 阶，如图 3 - 2 - 33 所示。

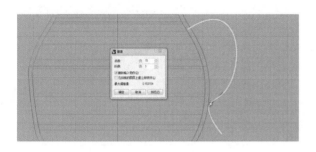

图 3 - 2 - 33

㉞ 在 Front 视图中，对曲线进行水平复制，得到曲线②，效果如图 3 - 2 - 34 所示。

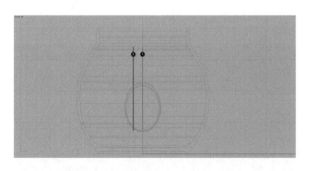

图 3 - 2 - 34

㉟ 开启曲线②控制点，用直线分别连接曲线②前、后两个控制点，如图 3 - 2 - 35 所示。

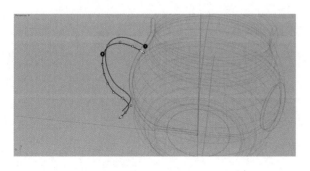

图 3 - 2 - 35

㊱ 调整曲线②前、后控制点的位置，如图 3 - 2 - 36 所示。

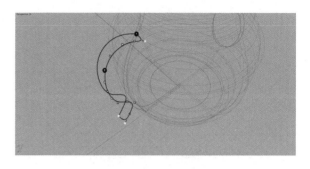

图 3 - 2 - 36

㊲ 偏移曲线①，距离按照图中比例而定，得到曲线③④，如图 3 - 2 - 37 所示。

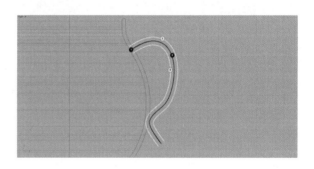

图 3 - 2 - 37

㊳ 按照前面的方法对曲线③④进行调整，如图 3 - 2 - 38 所示。

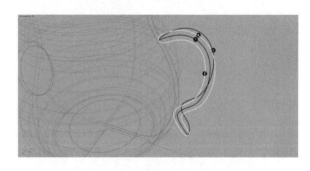

图 3 - 2 - 38

㊴ 对曲线②进行镜像处理，得到曲线⑤，如图 3 - 2 - 39 所示。

㊵ 执行"从断面轮廓线建立曲线，Csec，〖Ｃｃ〗"命令，按顺序依次选择曲线②③⑤④。在 Right 视图中依次划过曲线，得到相关曲线，如图 3 - 2 - 40 所示。

㊶ 得到的效果如图 3 - 2 - 41 所示。

㊷ 隐藏曲线①，执行"从网线建立曲面，

NetworkSrf，"命令，框选所有曲线，建立曲面，如图 3 - 2 - 42 所示。

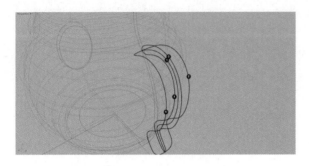

图 3 - 2 - 39

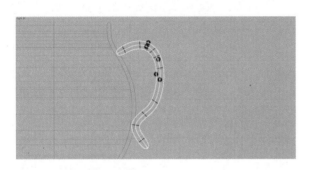

图 3 - 2 - 40

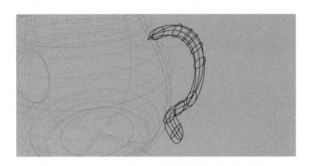

图 3 - 2 - 41

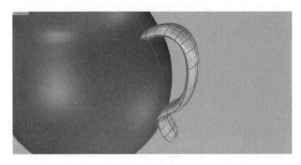

图 3 - 2 - 42

㊸ 隐藏所有曲线，开启"壶把手"的控制点，按图 3 - 2 - 43 选择相关点。

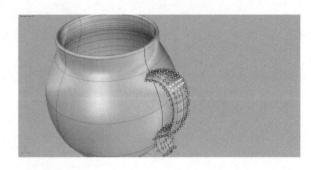

图 3 - 2 - 43

㊹ 执 行 "UVN 移 动，MoveUVN，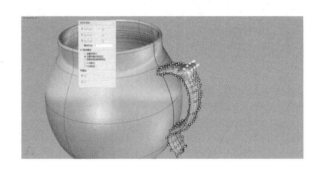" 命令，拖动"N"值到最右侧，如图 3 - 2 - 44 所示。

图 3 - 2 - 44

㊺ 执行"曲面圆角，FilletSrf，"命令，对"壶把手"和"壶身"进行倒圆角处理，如图 3 - 2 - 45所示。

图 3 - 2 - 45

㊻ 管理图层，最终效果如图 3 - 2 - 46 所示。

图 3 - 2 - 46

4

第4章 综合实例建模

本章主要是利用相关工具完成牙刷和飞科吹风机的建模，所涉及的命令将会在每个实例建模中具体罗列出来，希望读者在参照实例建模之前一定要将命令浏览一遍。

4.1 牙刷建模

本节学习牙刷的建模方法，通过制作牙刷模型，帮助大家巩固 Rhino 建模的整个流程。在本节中，大家将要学习的知识点如下：

● 掌握建模的整体流程。

● 掌握 Rhino 工具的使用。

● 主要运用的建模命令：垂直混接，Blend，；弧形混接，ArcBlend，；斑马纹分析，Zebra，；文字，TextObject，；沿曲线阵列，ArrayCrv，；沿路径旋转，RailRevolve，；直线阵列，ArrayLinear，；沿曲面流动，FlowAlongSrf，；2 轴缩放，Scale2D，；沿曲线流动，Flow，；曲线重建，Rebuild，；不等距边缘圆角，FilletEdge，；多重直线，Polyline，；修剪，Trim，；组合，Join，；直线挤出，ExtrudeCrv，；镜像，Mirror，；放样，Loft，；反转方向，Flip，

；设置 xyz 坐标，SetPt，。

① 打开 Rhino，模板选择"大模型 —毫米"，管理图层，如图 4 - 1 - 1 所示。

名称			材质	线型	打印线宽
刷柄	♀	ᵈ ■		Continuous	◆ 预设值
刷头	♀	ᵈ ■		Continuous	◆ 预设值
刷毛	♀	ᵈ ■		Continuous	◆ 预设值
曲线	✔	□		**Continuous**	◇ **预设值**

图 4 - 1 - 1

② 在 Top 视图中创建直线，如图 4 - 1 - 2 所示。

图 4 - 1 - 2

③ 对直线进行重建，设置参数：8 点、3 阶，再调整，如图 4 - 1 - 3 所示。

④ 在 Right 视图中对曲线执行"环形阵列，ArrayPolar，"命令，以曲线的端点为阵列中

心，阵列数为 4，如图 4-1-4 所示。

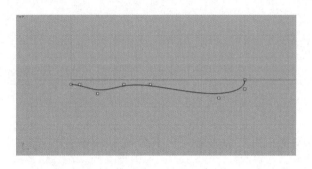

图 4-1-3

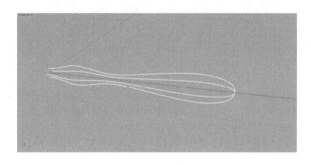

图 4-1-4

⑤ 在 Front 视图中，对①③曲线进行调整，如图 4-1-5 所示。

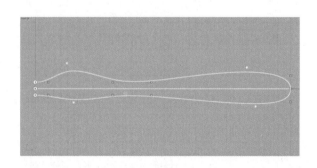

图 4-1-5

⑥ 在 Top 视图中，对②④曲线进行调整，如图 4-1-6 所示。

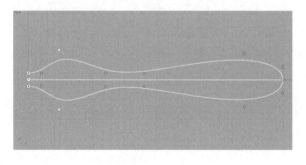

图 4-1-6

⑦ 执行"放样，Loft，"命令，按顺序选择①②③④曲线，如图 4-1-7 所示。

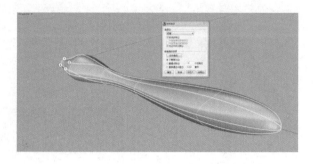

图 4-1-7

⑧ 在 Top 视图中，捕捉②曲线的端点，创建如图 4-1-8 所示的曲线 [注意端点处 2 个点（牙刷头部）保证垂直]。

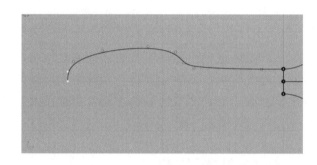

图 4-1-8

⑨ 以"原点"为中心，镜像曲线并用直线连接 2 条线的端点，将 3 条曲线组合，如图 4-1-9 所示。

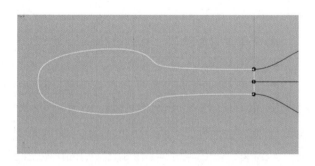

图 4-1-9

⑩ 执行"直线挤出，ExtrudeCrv，▣"命令。注意：两侧（B）＝是，实体（S）＝是，删除输入物件（L）＝否，至边界（T），分割正切点（P）＝否，设定基准点（A）。捕捉①曲线的端点作为拉伸的深度，如图 4-1-10 所示。

⑪ 执行"不等距边缘圆角，FilletEdge，⬛"命令，对牙刷头进行最大程度的倒圆角处理，如

图 4 - 1 - 11 所示。

⑫ 将曲面炸开，删除多余的曲面，如图 4 - 1 - 12所示。

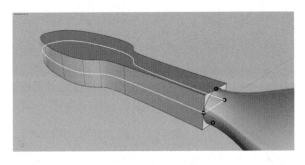

图 4 - 1 - 10

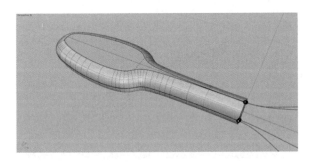

图 4 - 1 - 11

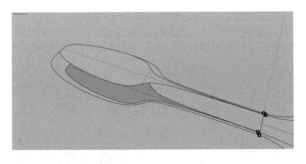

图 4 - 1 - 12

⑬ 执行"垂直混接，Blend，✏"命令，创建一条曲线（混接点为 2 个曲面的中点，管理图层，隐藏其他曲线），如图 4 - 1 - 13 所示。

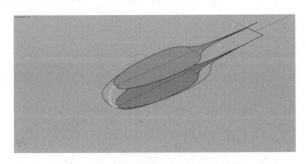

图 4 - 1 - 13

⑭ 对曲线进行适当调整（注意曲线端点处的 2 个点保持水平），如图 4 - 1 - 14 所示。

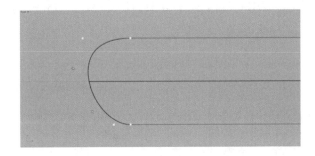

图 4 - 1 - 14

⑮ 执行"弧形混接，ArcBlend，⑤"命令，创建一条曲线，如图 4 - 1 - 15 所示。

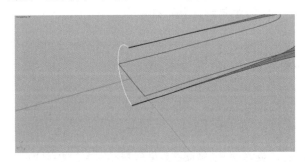

图 4 - 1 - 15

⑯ 在 Right 视图中，对曲线进行适当调整，如图 4 - 1 - 16 所示。

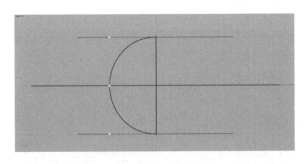

图 4 - 1 - 16

⑰ 以"原点"为中心，镜像该曲线，如图 4 - 1 - 17 所示。

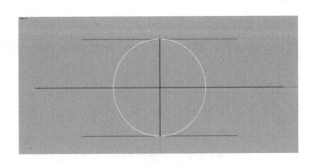

图 4 - 1 - 17

⑱ 以 2 个曲面的边缘为"路径"、3 条曲线为"断面曲线",执行"双轨扫描,Sweep2, 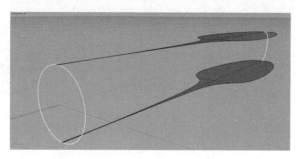"命令,如图 4-1-18 所示。

图 4-1-18

⑲ 创建曲面效果如图 4-1-19 所示。

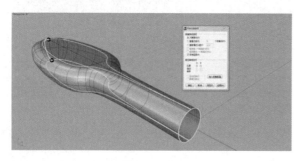

图 4-1-19

⑳ 在 Top 视图中创建一条曲线,对刷头进行修剪,如图 4-1-20 所示。

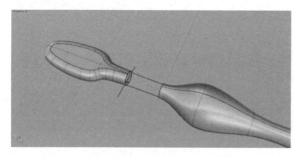

图 4-1-20

㉑ 执行"混接曲面,BlendSrf, 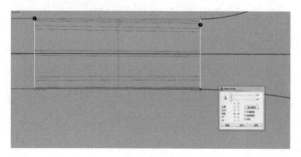",对刷头和刷柄进行曲面混接,如图 4-1-21 所示。

图 4-1-21

㉒ 效果如图 4-1-22 所示。

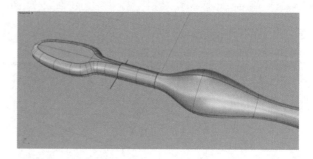

图 4-1-22

㉓ 执行"斑马纹分析,Zebra, ",选择所有曲面,如图 4-1-23 所示。

图 4-1-23

㉔ 在 Front 视图中绘制 2 条曲线,如图 4-1-24 所示。

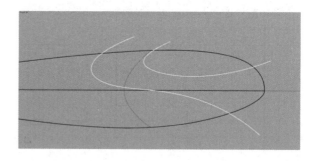

图 4-1-24

㉕ 在 Front 视图中利用曲线对曲面进行分割,如图 4-1-25 所示。

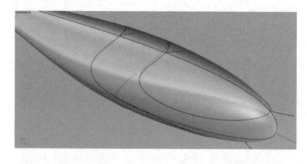

图 4-1-25

㉖ 在 Front 视图中创建如图 4-1-26 的曲线。

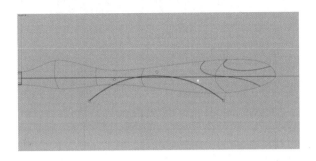

图 4-1-26

㉗ 在 Front 视图中，利用曲线对刷柄进行修剪，如图 4-1-27 所示。

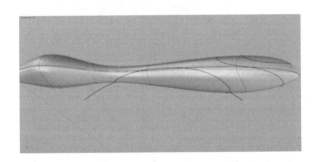

图 4-1-27

㉘ 在 Front 视图中创建如图 4-1-28 的 2 条曲线。

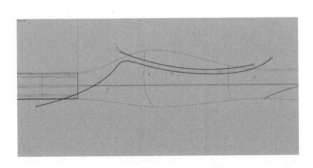

图 4-1-28

㉙ 在 Front 视图中，利用曲线对刷柄进行修剪，效果如图 4-1-29 所示。

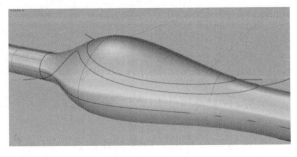

图 4-1-29

㉚ 创建矩形，对刷头轮廓曲线进行修整，如图 4-1-30 所示。

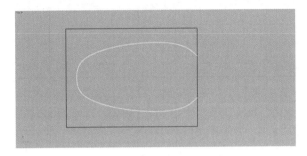

图 4-1-30

㉛ 对修剪后的曲线进行曲线混接处理，如图 4-1-31 所示。

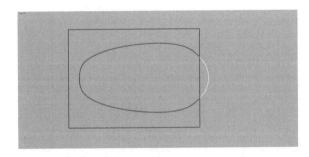

图 4-1-31

㉜ 对曲线进行"组合"，执行"曲线偏移，Offset，⟋"命令，绘制如图 4-1-32 的曲线。

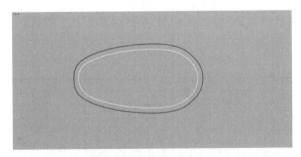

图 4-1-32

㉝ 在 Top 视图中创建圆柱，如图 4-1-33 所示。

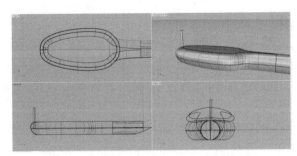

图 4-1-33

㉞ 执行"沿曲线阵列，ArrayCrv，⬚"命

令，参数根据实际情况而定，如图 4-1-34 所示。

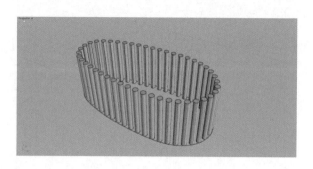

图 4-1-34

㉟ 重复进行偏移处理并执行"沿曲线阵列，ArrayCrv，⬚"命令，效果如图 4-1-35 所示。

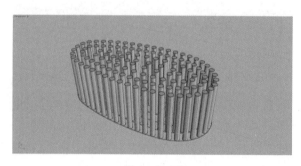

图 4-1-35

㊱ 执行"不等距边缘圆角，FilletEdge，⬚"命令，在 Front 视图中框选刷毛上部分进行倒角处理（倒角的大小根据具体情况而定），如图 4-1-36所示。

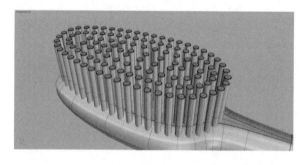

图 4-1-36

㊲ 执行"文字，TextObject，⬚"命令，创建"BOSSI"，如图 4-1-37 所示。

㊳ 对曲面向外进行偏移，如图 4-1-38 所示。

㊴ 利用偏移的曲面对实体文字进行修剪，如图 4-1-39 所示。

㊵ 利用原曲面对实体文字下半部分进行修剪，如图 4-1-40 所示。

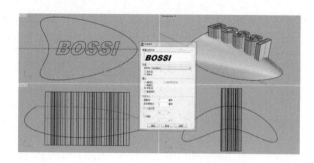

图 4-1-37

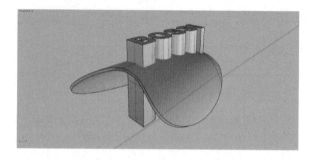

图 4-1-38

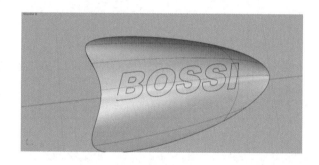

图 4-1-39

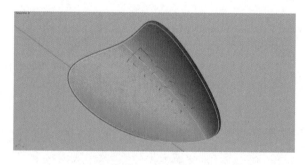

图 4-1-40

㊶ 利用实体文字对偏移曲面进行修剪，如图 4-1-41 所示。

㊷ 在 Top 视图中创建矩形，如图 4-1-42 所示。

㊸ 适当移动矩形，以平面曲线建立曲面，创建矩形平面，如图 4-1-43 所示。

图 4 - 1 - 41

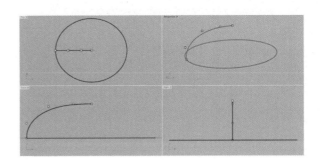

图 4 - 1 - 45

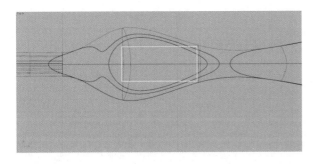

图 4 - 1 - 42

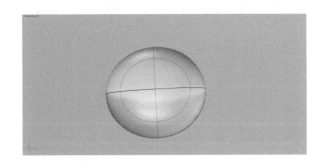

图 4 - 1 - 46

㊼ 创建如图 4 - 1 - 47 的 2 个椭圆。

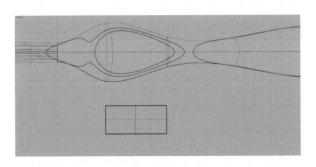

图 4 - 1 - 43

㊹ 在平面中心创建椭圆和一条过椭圆中心的垂线，如图 4 - 1 - 44 所示（比例大小见图 4 - 1 - 47）。

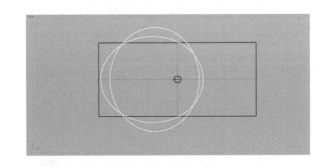

图 4 - 1 - 47

㊽ 对椭圆进行修剪，如图 4 - 1 - 48 所示。

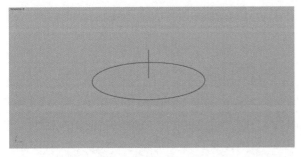

图 4 - 1 - 44

㊺ 在 Front 视图中对垂线进行调整，如图 4 - 1 - 45 所示。

㊻ 执行"沿路径旋转，RailRevolve，🔧"命令，如图 4 - 1 - 46 所示。

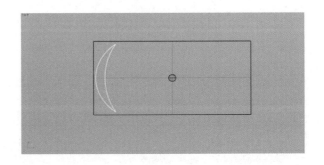

图 4 - 1 - 48

㊾ 捕捉中点，创建曲线，如图 4 - 1 - 49 所示。

㊿ 以网线建立曲面，如图 4 - 1 - 50 所示。

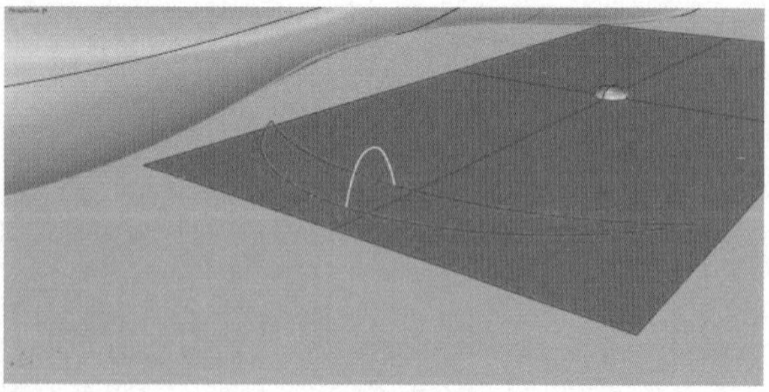

图 4-1-49

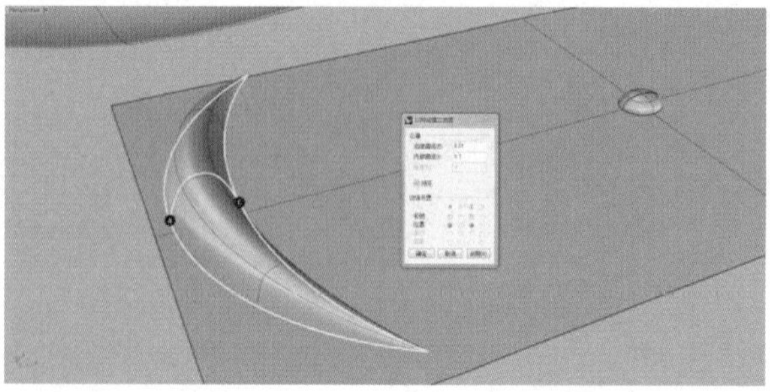

图 4-1-50

(51) 在 Top 视图中执行“直线阵列，ArrayLinear，”命令，阵列数目：5，如图 4-1-51 所示。

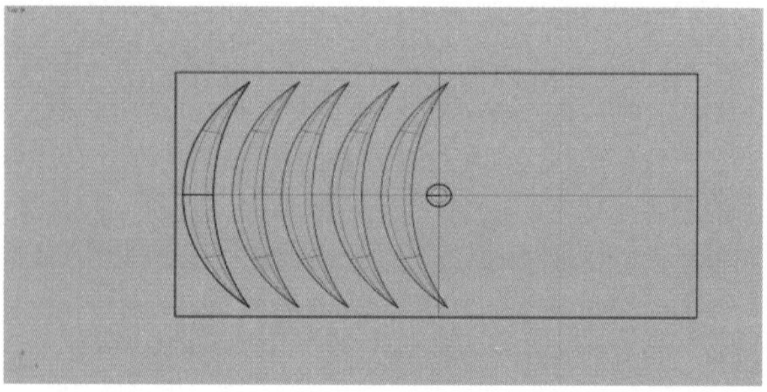

图 4-1-51

(52) 在 Top 视图中创建曲线，如图 4-1-52 所示。

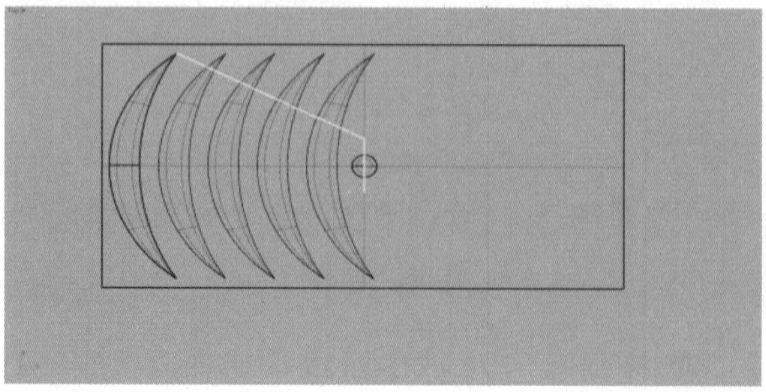

图 4-1-52

(53) 执行“2 轴缩放，Scale2D，”命令，对曲面进行缩放，如图 4-1-53 所示。

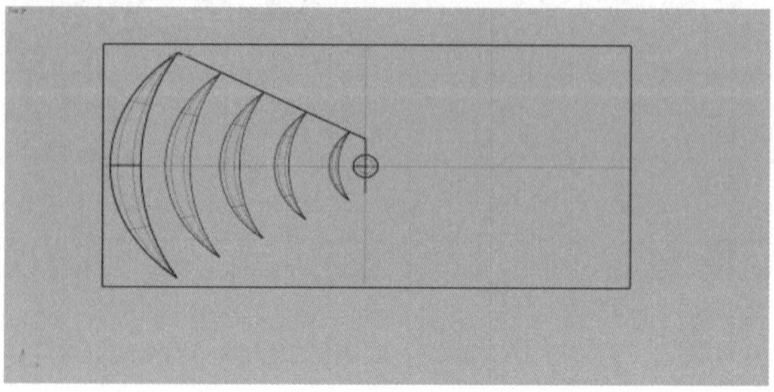

图 4-1-53

(54) 镜像曲面，如图 4-1-54 所示。

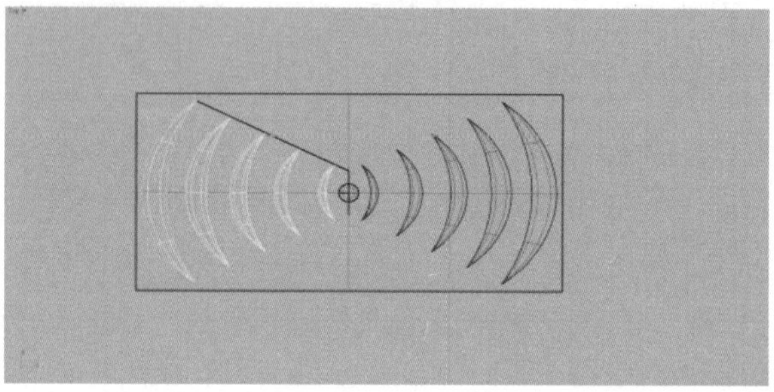

图 4-1-54

(55) 打开“记录建构历史”，执行“沿曲面流动，FlowAlongSrf，”命令（按照提示，选择①②③曲面），如图 4-1-55 所示。

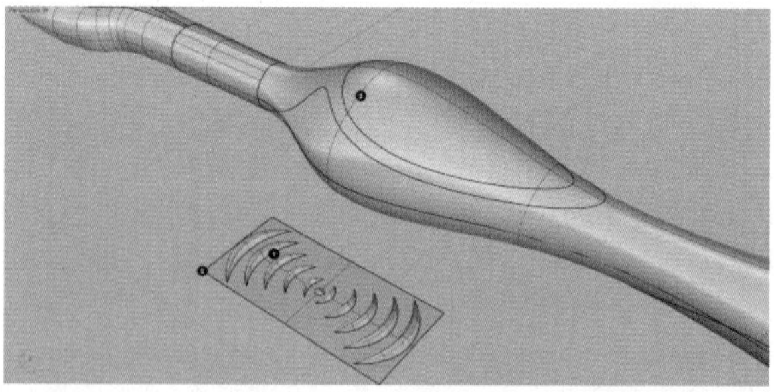

图 4-1-55

(56) 效果如图 4-1-56 所示。

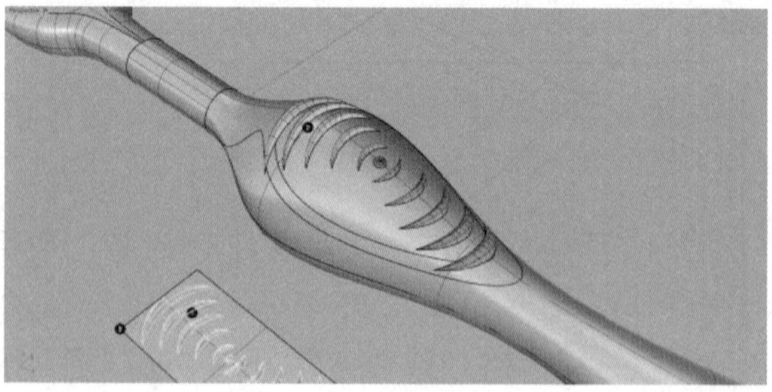

图 4-1-56

(57) 在 Top 视图中，对曲面①进行不等比缩放，如图 4－1－57 所示。

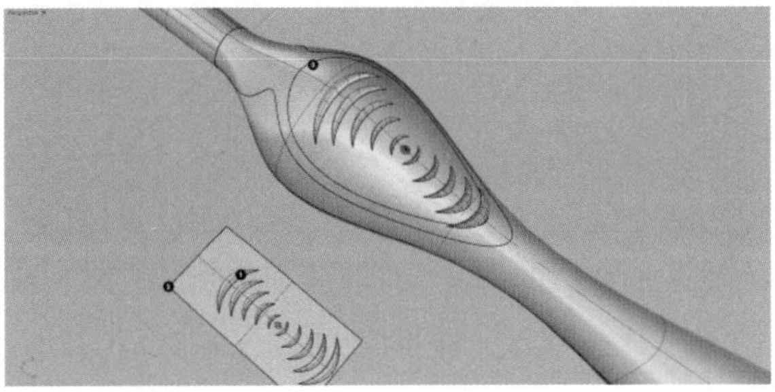

图 4－1－57

(58) 用同样的方式对背部创建曲面，如图 4－1－58所示。

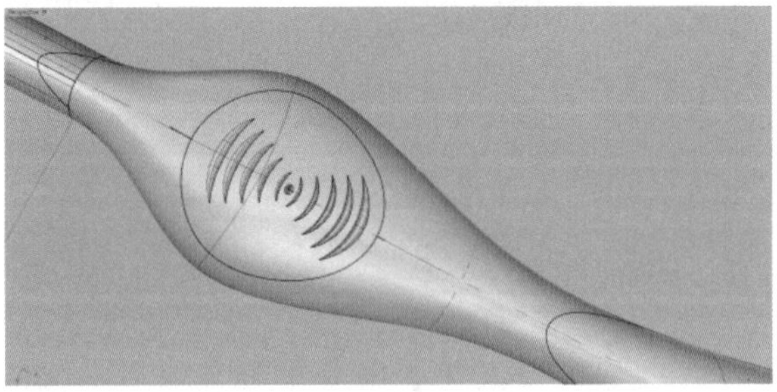

图 4－1－58

(59) 在 Front 视图中创建曲线，如图 4－1－59 所示。

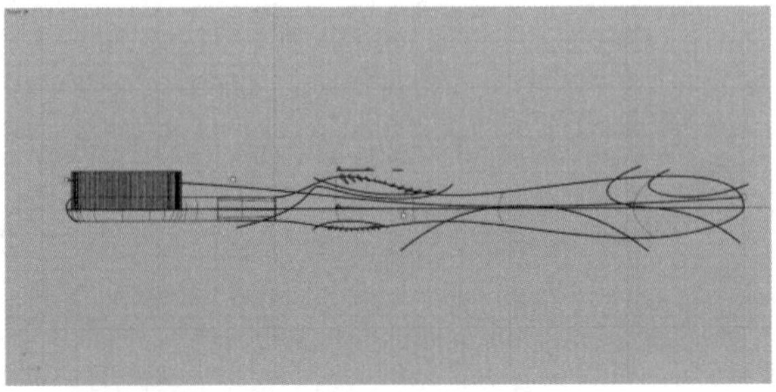

图 4－1－59

(60) 群组所有曲面，如图 4－1－60 所示。

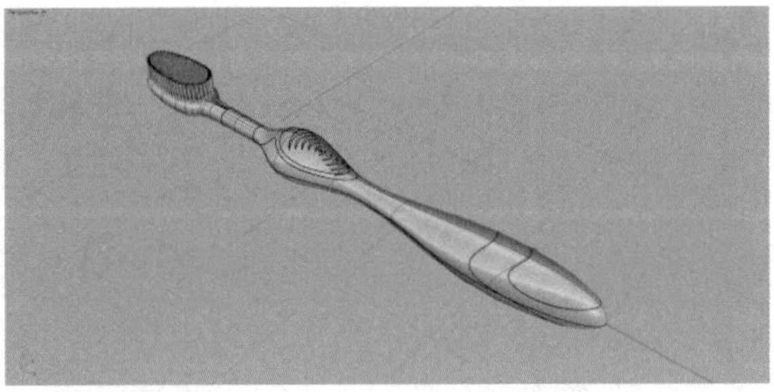

图 4－1－60

(61) 执行“沿曲线流动，Flow，▢”命令，按提示操作。最终效果如图 4－1－61 所示。

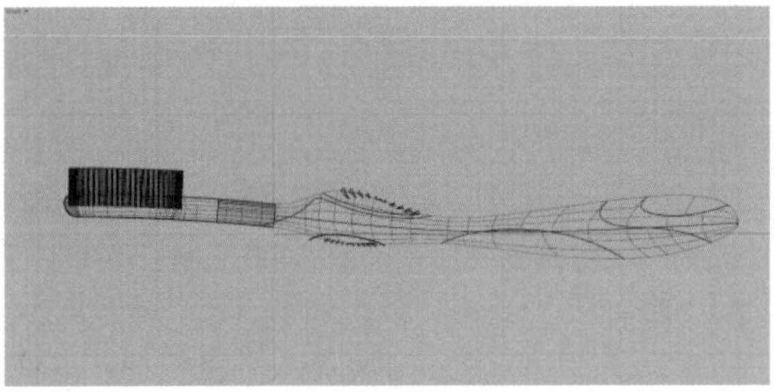

图 4－1－61

(62) 管理图层，如图 4－1－62 所示。

名称					材质	线型	打
刷柄	✓			■		**Continuous**	◆ 预
刷头		💡	🔓	■		Continuous	◆ 预
⊟ 刷毛		💡	🔓	■		Continuous	◆ 预
内层		💡	🔓	■		Continuous	◆ 预
防滑		💡	🔓	□		Continuous	◇ 预
刷柄主体		💡	🔓	■		Continuous	◆ 预
文字		💡	🔓	■		Continuous	◆ 预
曲线		💡	🔓	■		Continuous	◆ 预
注解		💡	🔓	■		Continuous	◆ 预
辅助		💡	🔓	■		Continuous	◆ 预

图 4－1－62

(63) 最终效果如图 4－1－63 所示。

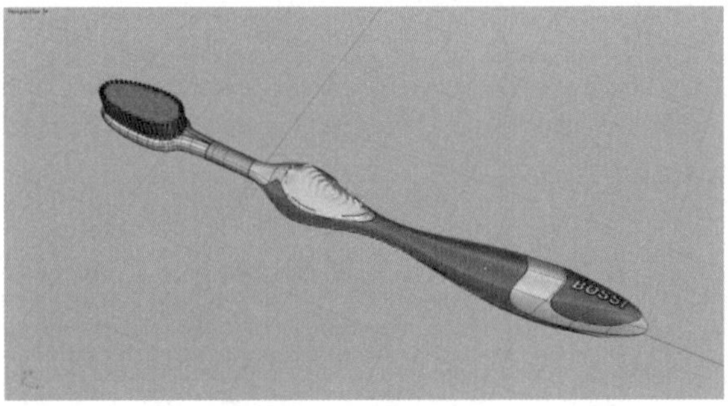

图 4－1－63

4.2　飞科吹风机建模

本节学习飞科吹风机的建模方法，通过制作吹风机模型，帮助大家巩固 Rhino 建模的整个流程。在本节中，大家将要学习的知识点如下：

- 掌握建模的整体流程。
- 掌握 Rhino 工具的使用。

① 打开 Rhino，模板选择“大模型－毫米”，

在 Right 视图中执行"放置背景图，BackgroundBitmap，"命令，将"吹风机"文件中文件名为 Right 的图片置入。按照同样的方法将文件名为 Back 的图片置入 Back 视图，如图 4-2-1 所示。

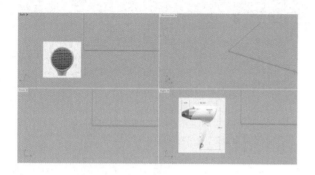

图 4-2-1

② 打开"格线选项"去掉"显示格线"的勾选，将格线隐藏。同时取消"灰阶"显示，如图 4-2-2 所示。

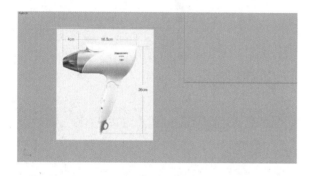

图 4-2-2

③ 在 Right 视图中，创建一条长 225mm 的直线，从直线右端点出发，创建一条高 260mm 的直线，如图 4-2-3 所示。

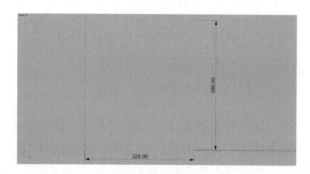

图 4-2-3

④ Right 视图中，绘制参照垂线（注意垂线的位置和端点），如图 4-2-4 所示。

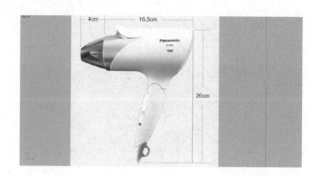

图 4-2-4

⑤ 执行"对齐背景图，Align，"命令，按照提示完成图片与线段的对齐，如图 4-2-5 所示。

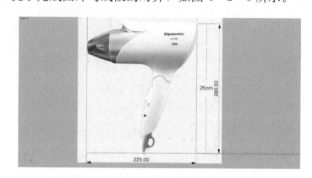

图 4-2-5

⑥ 在 Right 视图中绘制直线①，如图 4-2-6 所示。

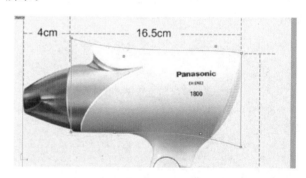

图 4-2-6

⑦ 利用 2 条曲线的端点创建直径圆，如图 4-2-7 所示。

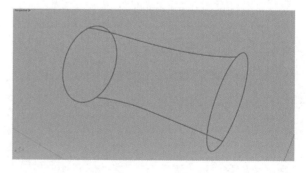

图 4-2-7

⑧ 以 2 条曲线为"路径"、2 个圆为"断面曲线"，执行"双轨扫描，Sweep2，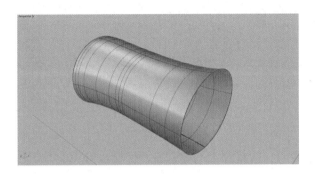"命令，创建曲面，如图 4-2-8 所示。

图 4-2-8

⑨ 对曲面进行重建，保持原有的参数不变（重建就是为了保证曲面的结构线分布均匀），如图 4-2-9 所示。

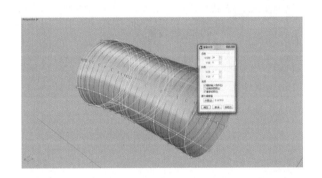

图 4-2-9

⑩ 在 Right 视图中创建曲线，如图 4-2-10 所示。

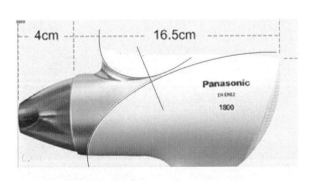

图 4-2-10

⑪ 在 Right 视图中，对曲线进行修剪。执行"可调式混接曲线，BlendCrv，"命令，将曲线进行衔接，如图 4-2-11 所示。

⑫ 利用曲线对曲面进行修剪，如图 4-2-12 所示。

⑬ 进行曲面偏移处理。注意：距离（D）＝3，角（C）＝圆角，实体（S）＝是，公差（T）＝0.0，全部反转（F）。向内偏移，如果方向不正确，可以"全部反转"，如图 4-2-13 所示。

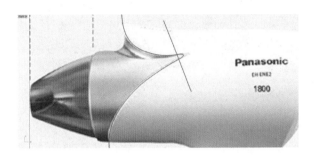

图 4-2-11

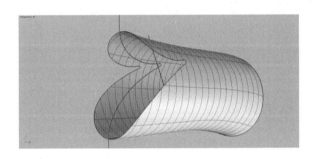

图 4-2-12

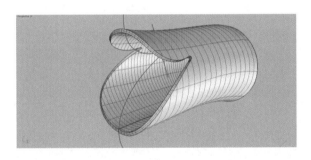

图 4-2-13

⑭ 将实体炸开，分别对"边缘面"和"内部面"进行曲面重建（"边缘面"重建参数不变），重建后将曲面组合成实体，如图4-2-14所示。

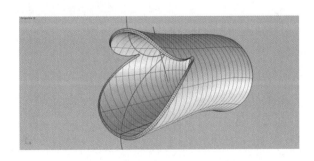

图 4-2-14

⑮ 在 Right 视图中，创建边界线，如图 4 - 2 - 15所示。

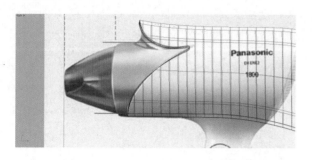

图 4 - 2 - 15

⑯ 利用边界曲线创建圆曲面并对曲面重建，如图 4 - 2 - 16 所示。

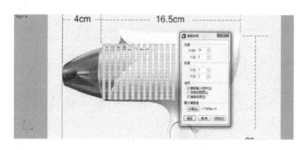

图 4 - 2 - 16

⑰ 复制一个主体的内部曲面，取消修剪，还原修剪曲面，如图 4 - 2 - 17 所示。

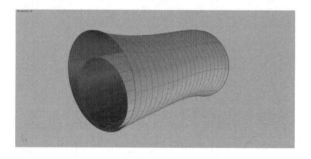

图 4 - 2 - 17

⑱ 复制前步曲线并炸开，如图 4 - 2 - 18 所示。

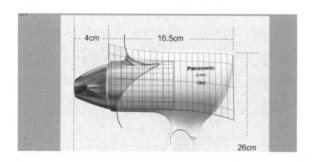

图 4 - 2 - 18

⑲ 删除多余曲线，如图 4 - 2 - 19 所示。

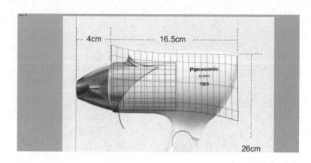

图 4 - 2 - 19

⑳ 执行"延伸曲线（平滑），Extend，✍" 命令，如图 4 - 2 - 20 所示。

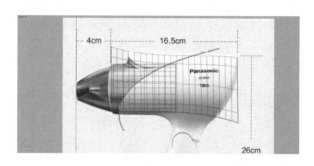

图 4 - 2 - 20

㉑ 将曲线偏移 3 个单位，如图 4 - 2 - 21 所示。

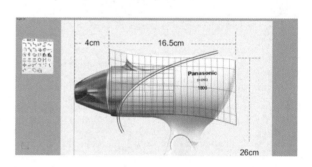

图 4 - 2 - 21

㉒ 利用偏移的曲线对曲面进行修剪，如图 4 - 2 - 22所示。

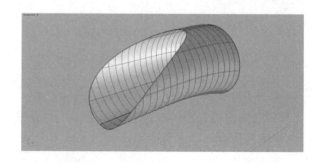

图 4 - 2 - 22

㉓ 在 Right 视图中创建曲线，注意控制点的位置，如图 4-2-23 所示。

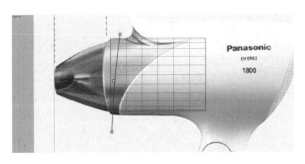

图 4-2-23

㉔ 对曲面进行修剪，如图 4-2-24 所示。

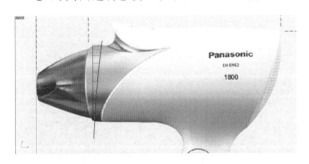

图 4-2-24

㉕ 隐藏其他所有物件，只保留 2 个修剪过的曲面，如图 4-2-25 所示。

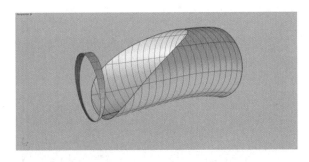

图 4-2-25

㉖ 执行"混接曲面，BlendSrf，🖼"命令。注意调整下端的控制点，使连接曲面的转折曲线与图片中的边界尽量匹配，如图 4-2-26 所示。

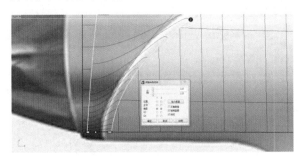

图 4-2-26

㉗ 效果如图 4-2-27 所示。

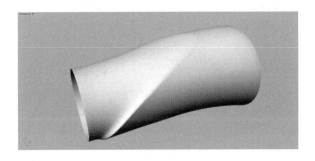

图 4-2-27

㉘ 复制曲面并取消曲面的修剪，如图 4-2-28所示。

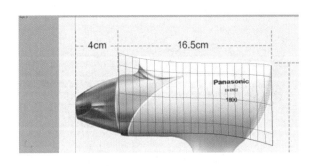

图 4-2-28

㉙ 创建曲线，如图 4-2-29 所示。

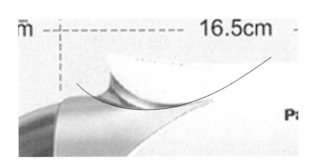

图 4-2-29

㉚ 复制曲面并取消曲面的修剪，如图 4-2-30所示。

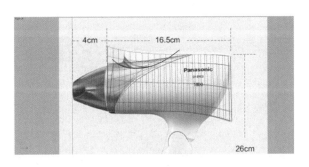

图 4-2-30

㉛ 创建曲线,如图 4-2-31 所示。

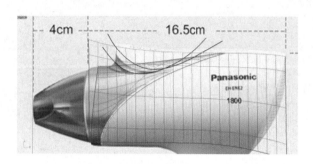

图 4-2-31

㉜ 对曲面进行修剪,如图 4-2-32 所示。

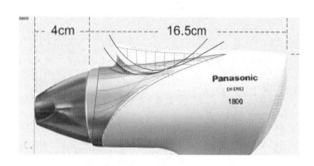

图 4-2-32

㉝ 复制曲面边缘并打开控制点,如图 4-2-33 所示。

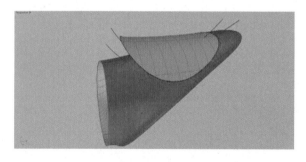

图 4-2-33

㉞ 执行"设置 xyz 坐标,SetPt,▦"命令,将空间曲线转换成平面曲线,如图 4-2-34 所示。

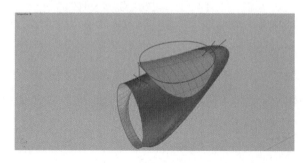

图 4-2-34

㉟ 在 Top 视图中将曲线向外偏移 3 个单位,如图 4-2-35 所示。

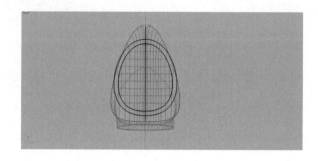

图 4-2-35

㊱ 显示相关曲面,在 Top 视图中执行"投影曲线,Project,▣"命令,得到一个曲面上的曲线,如图 4-2-36 所示。

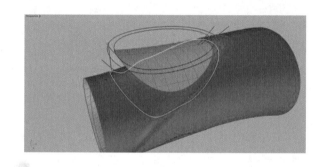

图 4-2-36

㊲ 利用曲线对曲面进行修剪,如图 4-2-37 所示。

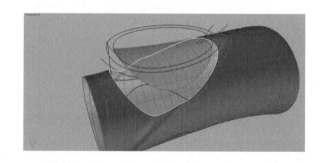

图 4-2-37

㊳ 在 Right 视图中,过交点创建垂线,如图 4-2-38 所示。

㊴ 过垂线端点,在曲面上创建截面线,如图 4-2-39 所示。

㊵ 混接垂线和截面线,如图 4-2-40 所示。

㊶ 将垂线和混接曲线组合,如图 4-2-41 所示。

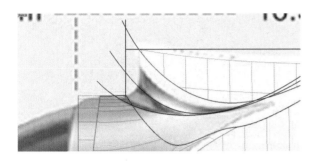

图 4 - 2 - 38

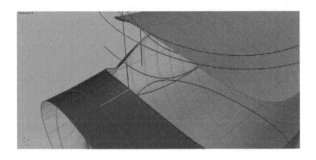

图 4 - 2 - 39

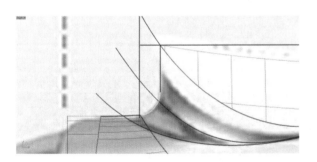

图 4 - 2 - 40

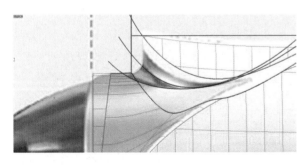

图 4 - 2 - 41

㊷ 组合曲面并隐藏其他物件，如图 4 - 2 - 42
所示。

㊸ 执行"双轨扫描，Sweep2，▣"命令，点
选"连锁边缘"，以曲面的边缘为扫描路径、曲线
为断面曲线，创建曲面，如图 4 - 2 - 43 所示。

㊹ 绘制 2 条曲线，如图 4 - 2 - 44 所示。

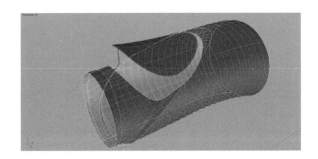

图 4 - 2 - 42

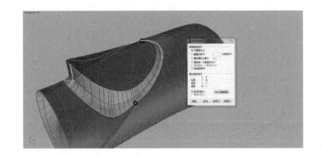

图 4 - 2 - 43

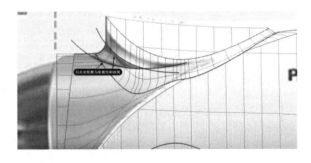

图 4 - 2 - 44

㊺ 组合图中左、右曲面，如图 4 - 2 - 45
所示。

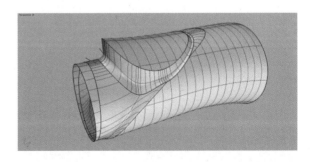

图 4 - 2 - 45

㊻ 在 Right 视图中对 2 条曲线进行修剪并组
合，如图 4 - 2 - 46 所示。

㊼ 在 Right 视图中，选取分割工具，利用曲
线对曲面进行分割，如图 4 - 2 - 47 所示。

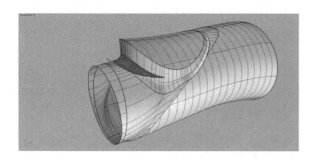

图 4 - 2 - 46

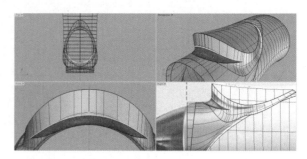

图 4 - 2 - 50

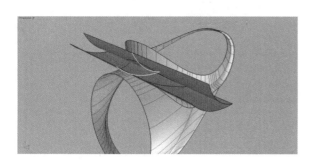

图 4 - 2 - 47

图 4 - 2 - 51

㊽ 在 Right 视图中，执行"直线挤出，ExtrudeCrv，▣"命令，得到曲面，如图 4 - 2 - 48所示。

㊼ 在 Front 视图中，将曲线投影到曲面上，如图 4 - 2 - 52 所示。

图 4 - 2 - 48

㊾ 对曲面进行修剪，如图 4 - 2 - 49 所示。

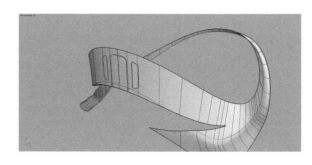

图 4 - 2 - 52

㊼ 在 Front 视图中，对投影曲线执行"直线挤出，ExtrudeCrv，▣"命令，得到曲面，如图 4 - 2 - 53所示。

图 4 - 2 - 49

㊿ 只保留图中的曲面，在 Front 视图中复制曲面边缘，如图 4 - 2 - 50 所示。

51 绘制曲线，如图 4 - 2 - 51 所示。

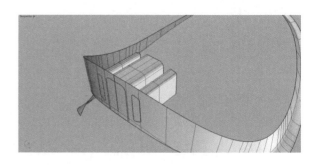

图 4 - 2 - 53

54 对曲面进行封盖和修剪、倒角处理，如图 4 - 2 - 54所示。

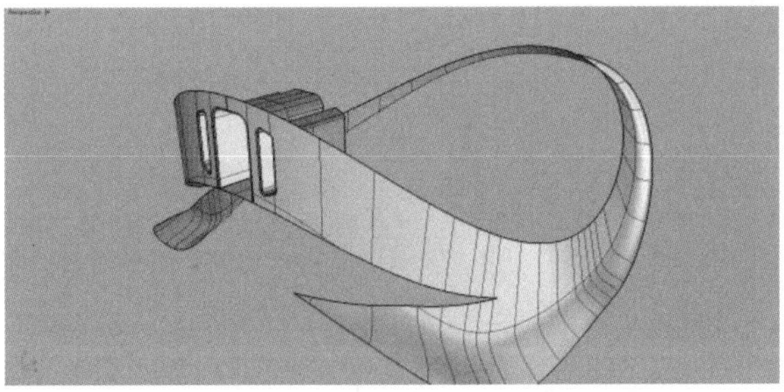

图 4－2－54

(55) 在 Right 视图中对曲线执行“直线挤出，ExtrudeCrv，”命令，如图 4－2－55 所示。

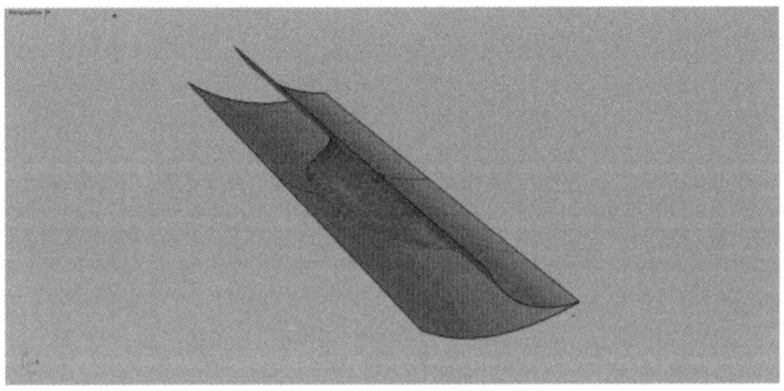

图 4－2－55

(56) 对曲面进行修剪并做倒角处理，如图 4－2－56所示。

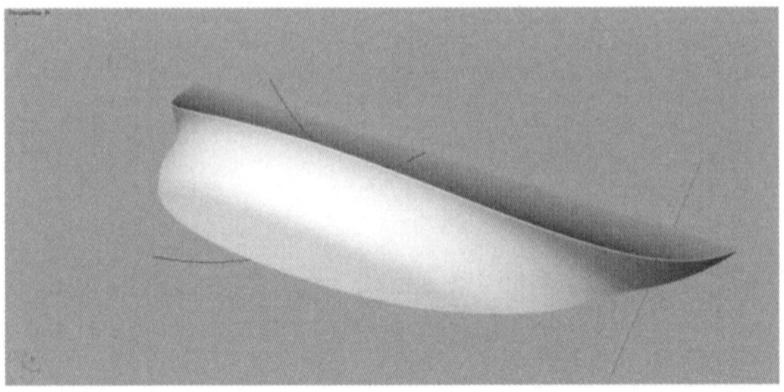

图 4－2－56

(57) 对第(49)步中的曲面进行倒圆角（半径 0.2）处理，如图 4－2－57 所示。

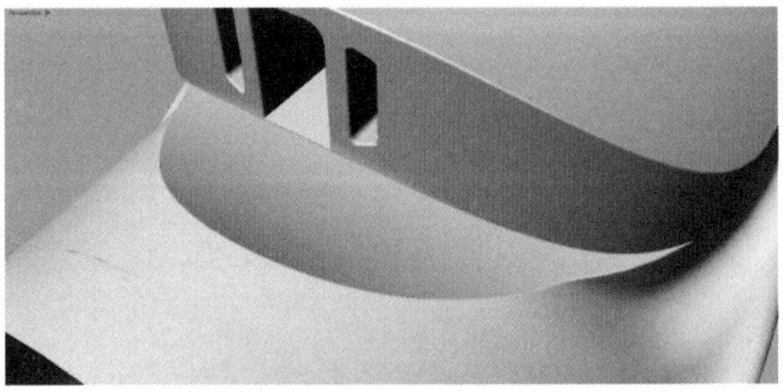

图 4－2－57

(58) 炸开主体曲面，对右侧曲面执行“延伸曲面，ExtendSrf，”命令，型式（T）＝平滑，如图4－2－58所示。

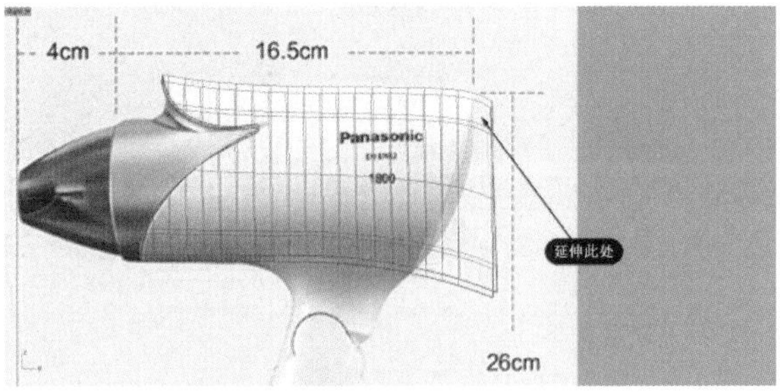

图 4－2－58

(59) 在 Right 视图中创建曲线，只保留下图中的曲面和曲线，如图 4－2－59 所示。

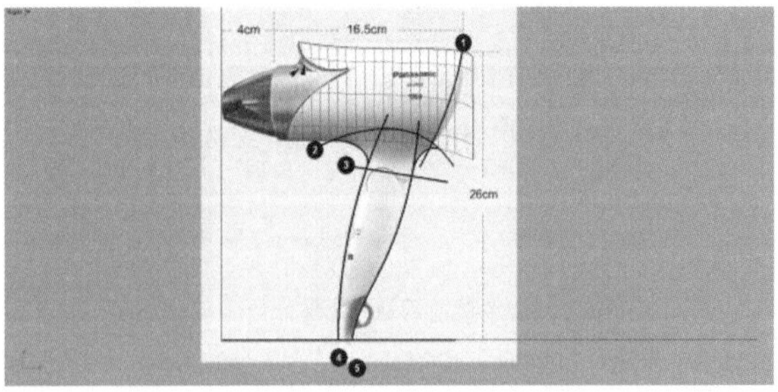

图 4－2－59

(60) 对曲线④⑤进行修剪，如图 4－2－60 所示。

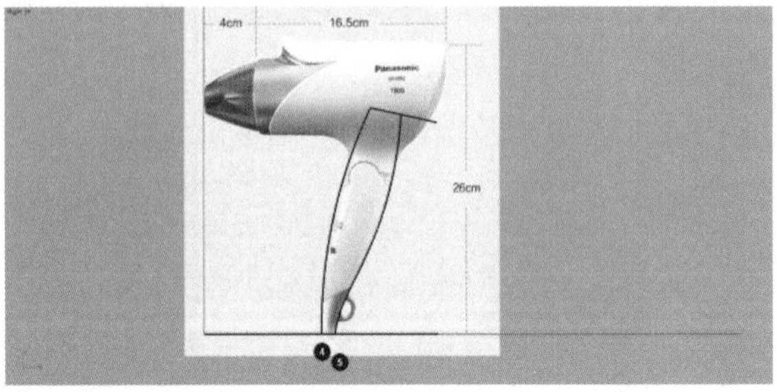

图 4－2－60

(61) 对修剪后的 2 条曲线执行“在两条曲线之间建立均分曲线，TweenCurves，”命令，创建 1 条均分线，如图 4－2－61 所示。

(62) 在 Perspective 视图中创建直径圆，如图 4－2－62 所示。

(63) 将均分线移至圆的四分点处，如图 4－2－63所示。

(64) 在 Front 视图中对均分线进行调整并以原

点为中心进行镜像操作，如图 4 - 2 - 64 所示。

如图 4 - 2 - 67 所示。

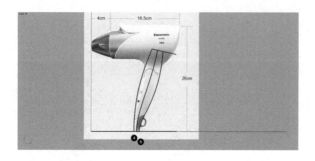

图 4 - 2 - 61

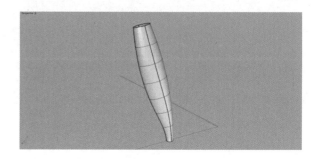

图 4 - 2 - 65

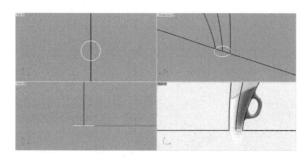

图 4 - 2 - 62

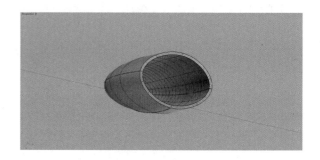

图 4 - 2 - 66

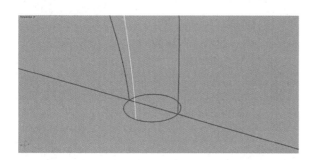

图 4 - 2 - 63

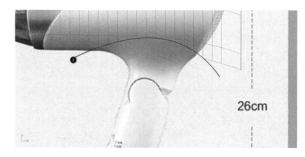

图 4 - 2 - 67

⑱ 执 行 "抽 离 结 构 线，ExtractIsoCurve，
⯑"命令，创建 1 条如图 4 - 2 - 68 的曲线。

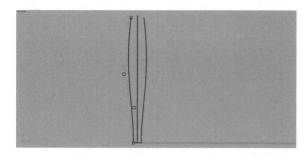

图 4 - 2 - 64

⑥ 对 4 条曲线执行 "放样，Loft，⯑"命令，
注意曲线选取的顺序，如图 4 - 2 - 65 所示。

⑯ 将曲面向内偏移 1 个单位形成一个实体，
如图 4 - 2 - 66 所示。

⑰ 将实体炸开，利用曲线②对曲面进行修剪，

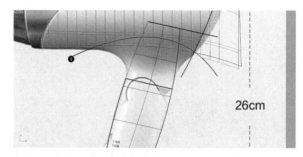

图 4 - 2 - 68

⑲ 利用曲线对曲面进行修剪，如图 4 - 2 - 69
所示。

⑳ 执行 "可调式混接曲线，BlendCrv，⯑"
命令，创建 2 条曲线，如图 4 - 2 - 70 所示。

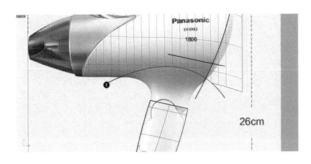

图 4-2-69

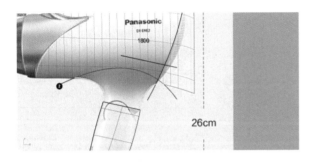

图 4-2-70

⑦ 执行"双轨扫描，Sweep2，▨"命令，以修剪曲面的边缘扫描轨迹，以混接的 2 条曲线为路径创建曲面，如图 4-2-71 所示。

图 4-2-71

⑦ 将曲面进行组合，绘制如图 4-2-72 的曲线。

图 4-2-72

⑦ 利用曲线对曲面进行分割并创建曲面得到

实体，如图 4-2-73 所示。

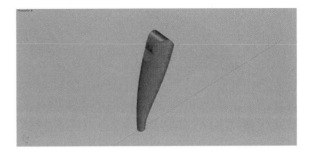

图 4-2-73

⑦ 上半部效果如图 4-2-74 所示。

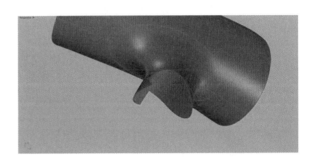

图 4-2-74

⑦ 创建曲线，如图 4-2-75 所示。

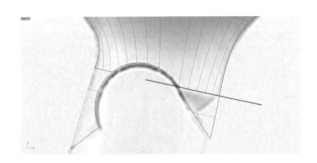

图 4-2-75

⑦ 通过创建曲线形成曲面，对实体进行修剪，如图 4-2-76 所示。

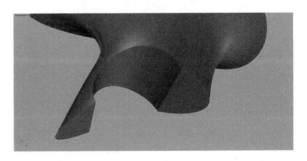

图 4-2-76

⑦ 对实体转交处进行倒角处理，半径 0.3，如

图4-2-77所示。

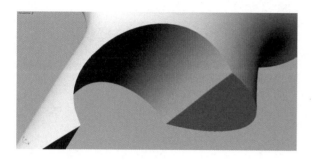

图 4-2-77

⑱ 对其余边缘进行倒角处理，半径 0.2，如图 4-2-78 所示。

图 4-2-78

⑲ 绘制如图 4-2-79 所示的曲线。

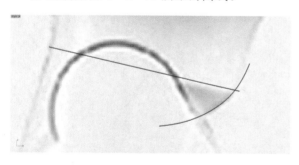

图 4-2-79

⑳ 连接长轴的四分点，如图 4-2-80 所示。

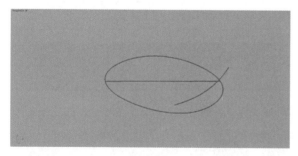

图 4-2-80

㉑ 创建中点、平行线和垂线，如图 4-2-81 所示。

㉒ 执行"沿路径旋转，RailRevolve，🔑"命

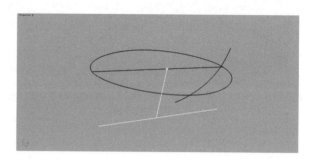

图 4-2-81

令，创建曲面（以椭圆为路径、曲线为轮廓曲线、垂线为旋转轴），如图 4-2-82 所示。

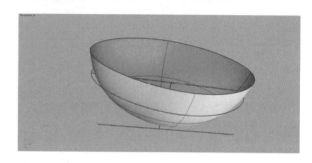

图 4-2-82

㉓ 对曲面进行修剪得到实体，如图 4-2-83 所示。

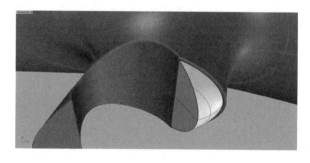

图 4-2-83

㉔ 绘制如图 4-2-84 所示的曲线。

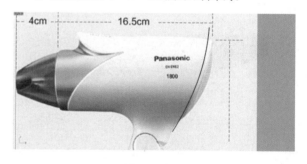

图 4-2-84

㉕ 利用曲线对曲面进行修剪，如图 4-2-85 所示。

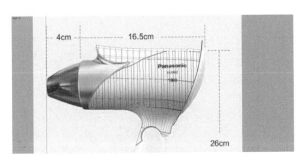

图 4 - 2 - 85

㊏ 创建中心截面线，如图 4 - 2 - 86 所示。

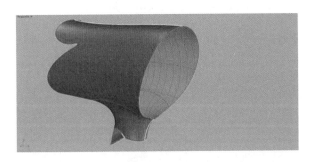

图 4 - 2 - 86

㊐ 执行 "可调式混接曲线，BlendCrv，〓" 命令，创建曲线，如图4 - 2 - 87所示。

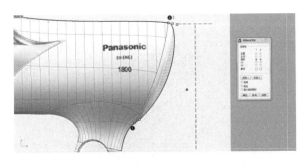

图 4 - 2 - 87

㊑ 复制修剪曲面边缘并利用混接得到的曲线进行分割，如图 4 - 2 - 88 所示。

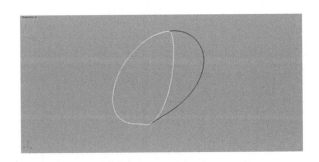

图 4 - 2 - 88

㊒ 对曲线执行 "放样，Loft，〓" 命令，得

到曲面，如图4 - 2 - 89所示。

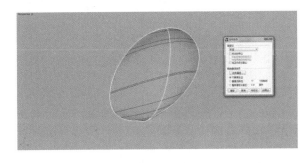

图 4 - 2 - 89

㊓ 对曲面进行重建，如图 4 - 2 - 90 所示。

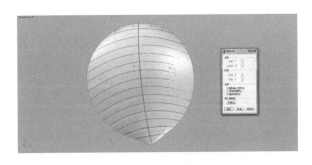

图 4 - 2 - 90

㊔ 绘制曲线并对曲面进行修剪，如图 4 - 2 - 91所示。

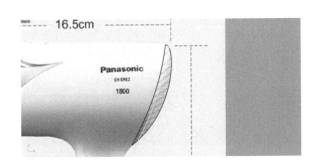

图 4 - 2 - 91

㊕ 创建曲线并对曲面进行分割，如图 4 - 2 - 92所示。

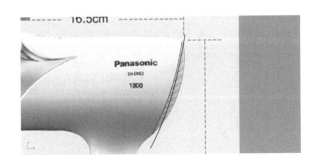

图 4 - 2 - 92

㊳ 结果显示如图 4-2-93 中的曲面。

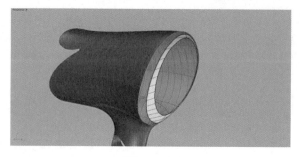

图 4-2-93

㊴ 执行"混接曲面，BlendSrf，"命令，如图 4-2-94 所示。

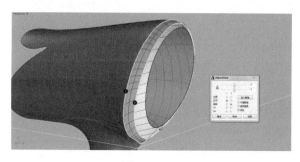

图 4-2-94

㊵ 如图 4-2-95 所示，只显示背部曲面。

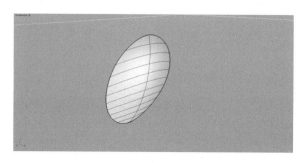

图 4-2-95

㊶ 执行"以三点设定工作平面，CPlane，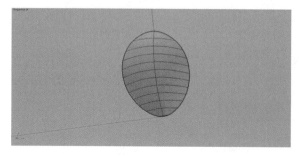"命令。前 2 点选择椭圆曲面的长轴 2 点，然后直接确定，如图 4-2-96 所示。

图 4-2-96

㊷ 设置正对的工作平面，如图 4-2-97 所示。

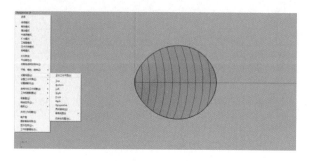

图 4-2-97

㊸ 阵列如图 4-2-98 的曲线。

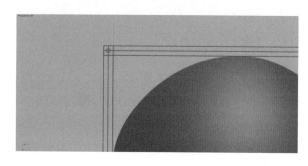

图 4-2-98

㊹ 进行矩形阵列设置，$x=50$，$y=50$，$z=1$，删除多余曲线，效果如图 4-2-99 所示。

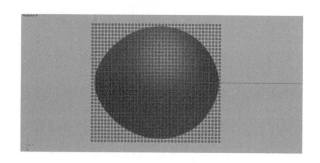

图 4-2-99

㊺ 将曲面向内偏移 1 个单位形成实体，如图 4-2-100 所示。

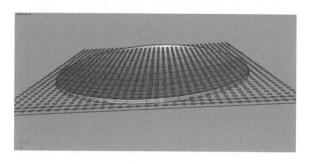

图 4-2-100

⑩ 将所有曲线执行"直线挤出，ExtrudeCrv，▣"命令，创建实体，如图4-2-101所示。

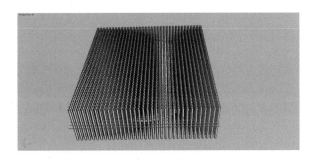

图4-2-101

⑩ 执行"布尔差集运算，BooleanDifference，◉"命令，对实体进行打孔，如图4-2-102所示。

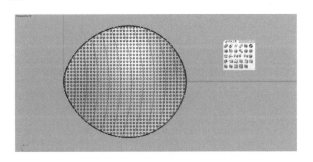

图4-2-102

⑩ 对曲线进行偏移操作，创建曲面，修剪曲面，创建内部曲面，如图4-2-103所示。

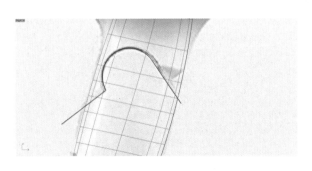

图4-2-103

⑩ 曲面效果如图4-2-104所示。

图4-2-104

⑩ 创建如图4-2-105的曲线，对实体进行分割。

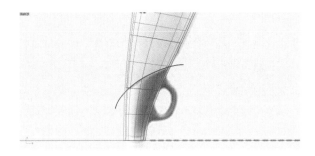

图4-2-105

⑩ 分割后效果如图4-2-106所示。

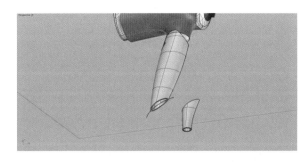

图4-2-106

⑩ 在Right视图中创建曲线，如图4-2-107所示。

图4-2-107

⑩ 执行"双轨扫描，Sweep2，◭"命令，创建曲面，如图4-2-108所示。

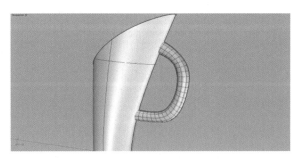

图4-2-108

⑩ 对曲面进行修补，如图 4-2-109 所示。

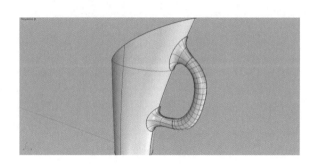

图 4-2-109

⑩ 将内部曲面炸开，创建壁厚假想体（利用偏移曲面完成，偏移距离：0.5），如图 4-2-110 所示。

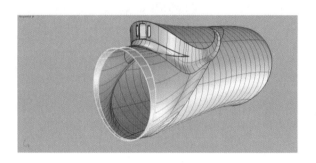

图 4-2-110

⑪ 创建出风口，如图 4-2-111 所示。

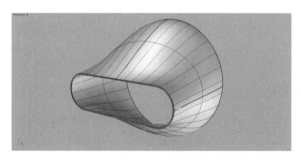

图 4-2-111

⑫ 在 Right 视图中创建曲线，如图 4-2-112 所示。

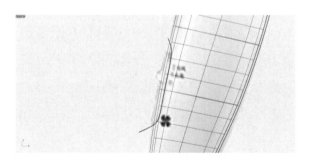

图 4-2-112

⑬ 对曲线执行"直线挤出，ExtrudeCrv，▣"命令，形成曲面，利用曲面进行"布尔差集运算，BooleanDifference，◐"，得到 2 个曲面，如图 4-2-113 所示。

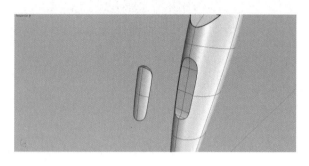

图 4-2-113

⑭ 创建防滑条，如图 4-2-114 所示。

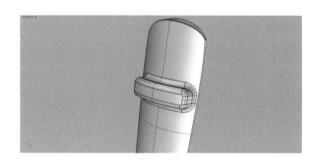

图 4-2-114

⑮ 最终效果如图 4-2-115 所示。

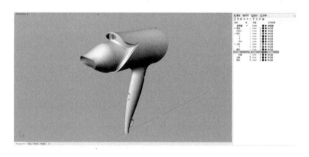

图 4-2-115

5

第 5 章　KeyShot 4.0 实例渲染

KeyShot 意为 "The Key to Amazing Shots"，是一个互动性的光线追踪与全域光渲染程序，无须复杂的设定即可产生相片般真实的 3D 渲染影像。本章将通过具体实例操作来讲述 KeyShot 的使用方法。

5.1　钥匙渲染

① 打开钥匙的 Rhino 文件：钥匙.3dm，管理图层，保存文件并关闭 Rhino 窗口，如图 5-1-1 所示。

② 打开 KeyShot 程序，如图 5-1-2 所示。

③ 依次点击 "文件→导入"，在弹出的对话框中选择 "钥匙" 的 Rhino 文件，单击 "打开"，如图 5-1-3 所示。

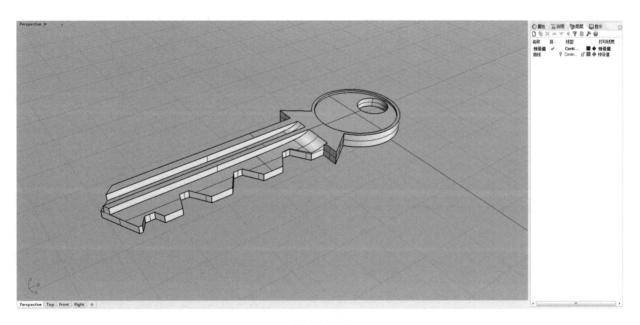

图 5-1-1

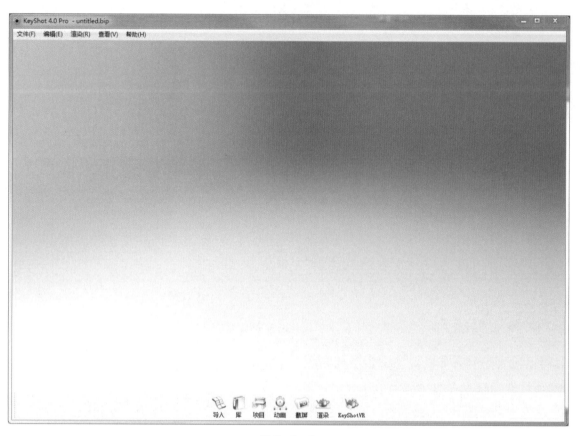

图 5-1-2

图 5-1-3

④ 在"导入"对话框中直接单击"导入",按照默认的选项导入模型,如图 5-1-4 所示。

⑤ 单击"库"选项,在弹出的对话框中选择"Metal(金属)"中的"Chrome(铬合金)"材质库下的"Chrome bright(亮铬)"材质球。按住鼠标左键不放,直接将材质球拖到模型上即可(赋予对象材质),如图 5-1-5 所示。

⑥ 设置完成后直接点击"渲染",弹出渲染对话框,如图 5-1-6 所示。

图 5 - 1 - 4

图 5 - 1 - 5

图 5 - 1 - 6

⑦ 单击"渲染",则 KeyShot 对当前场景进行渲染,效果如图 5 - 1 - 7 所示。

图 5 - 1 - 7

总结:通过本例我们了解了 KeyShot 渲染的基本流程,为后面的学习打下基础。该实例为单一材质,我们可以直接进行渲染、出图,体现出 KeyShot 渲染的快速与便捷,但是该渲染的效果比较粗糙,也不方便后面图形的编辑与合成。

5.2 音箱渲染

① 打开音箱的 Rhino 文件:音箱 .3dm,管理图层,保存文件并关闭 Rhino 窗口,如图 5 - 2 - 1 所示。

② 打开 KeyShot 并直接导入模型,如图 5 - 2 - 2 所示。

③ 鼠标右击场景中的任何对象,在弹出的对话框中点击"编辑材质",打开材质编辑器。在 Rhino 中,我们对音箱的组成部件进行分层,在 KeyShot 中可以得到对应的材质球数量,如图 5 - 2 - 3 所示。

④ 在"项目"面板中,点击"场景"标签,可以找到"模型"和"相机"等相关对象。可以通过该"模型树"进行材质赋予或者控制相关模型的隐藏与显示,如图 5 - 2 - 4 所示。

⑤ 单击"库",打开"材质库",如图 5 - 2 - 5 所示。

图 5 - 2 - 1

图 5-2-2

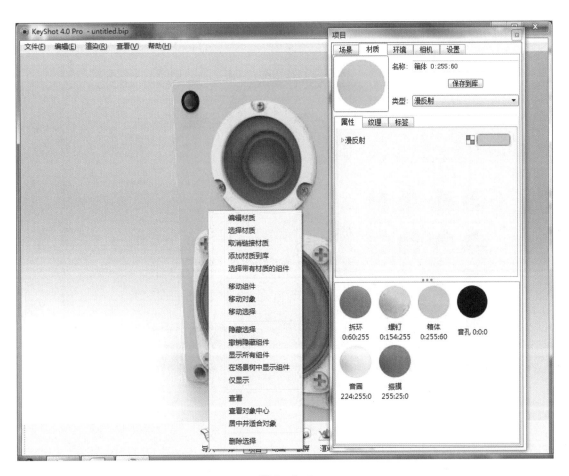

图 5-2-3

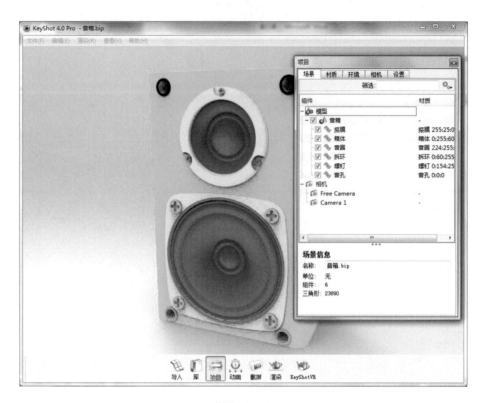

图 5-2-4

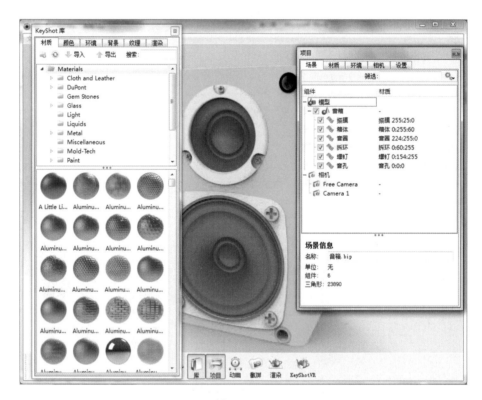

图 5-2-5

⑥ 如图 5-2-6 所示，将材质赋予模型，如果难以查找相关材质，可以对照"材质名"，在"材质库"的搜索栏中进行材质搜索。

⑦ 在"项目"面板中，单击"材质"标签，双击"Oak"材质球或者直接在场景中右击音箱主体，对音箱主体材质进行编辑，编辑对象及参数

如图 5 - 2 - 7 所示，别的选项不变。

　　⑧ 在"项目"面板中单击"环境"标签，在"背景"选项中选择"色彩"。调整"色彩"的颜色为 80％ 的灰，如图 5 - 2 - 8 所示。

　　⑨ 在"旋转"选项中调整阴影的位置，如图 5 - 2 - 9 所示。

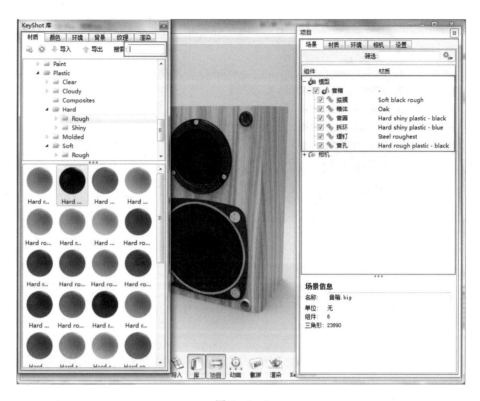

图 5 - 2 - 6

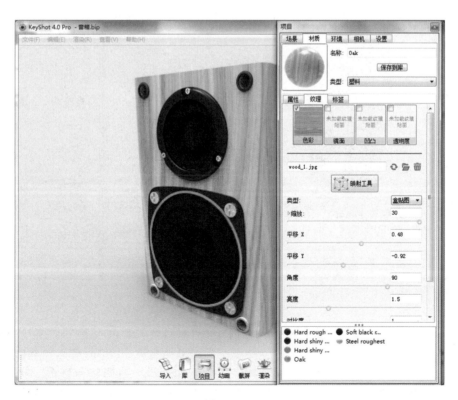

图 5 - 2 - 7

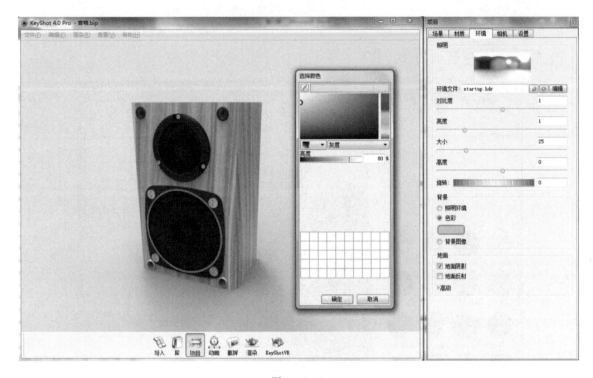

图 5-2-8

图 5-2-9

⑩ 单击"渲染"并进行相关参数设置，如图
5-2-10所示。

⑪ 最终渲染效果如图5-2-11所示，注意整
个音箱的摆放位置：45°仰角透视。

总结：本例中我们主要对多个材质的赋予与

编辑进行操作，对背景图纯色的设定可以使整个
画面更加整洁，png透明度格式图片的输出方便后
期对渲染图片的调整与修改，300dpi的分辨率可
以进行渲染图片的打印，阴影位置的调整可以使
渲染图片更加接近个人的审美习惯。

图 5-2-10

5.3　联想鼠标渲染

① 打开联想鼠标的 Rhino 文件：联想鼠标.3dm，创建曲面并管理图层，保存文件且关闭 Rhino 窗口，如图 5-3-1 所示。

② 在 KeyShot 中导入模型并赋予材质，如图 5-3-2 所示。

③ 编辑"logo"的材质，在"纹理"选项卡中添加相应的图片。在"色彩"贴图里面选择"Rhino Logo.png"图片，在"透明度"贴图里面选择"Rhino Logo Alpha.png"，相应参数设置如图 5-3-3 所示。

④ 更改背景为"Overhead Array 2k"并设置相关的环境参数，如图 5-3-4 所示。

图 5-2-11

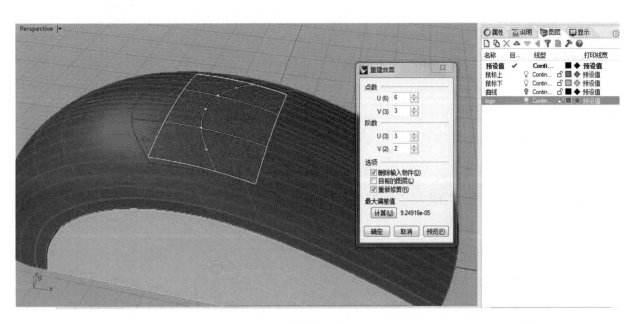

图 5-3-1

Rhino & KeyShot 完全实例入门教程

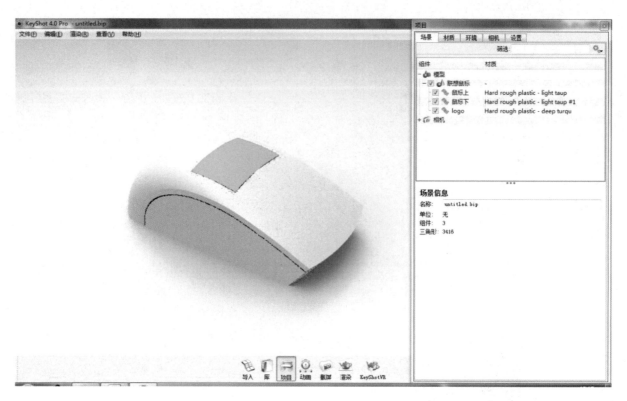

图 5 - 3 - 2

图 5 - 3 - 3

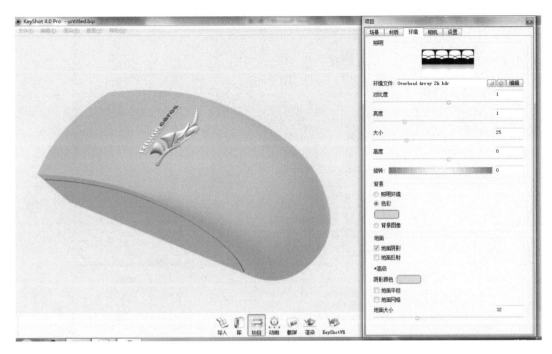

图 5-3-4

⑤ 渲染出图（最终出图的相关参数和音箱的
相同），如图 5-3-5 所示。

图 5-3-5

5.4　台电 U 盘渲染

① 打开台电 U 盘的 Rhino 文件：台电 U 盘.
3dm，创建曲面并管理图层，保存文件且关闭
Rhino 窗口，如图 5-4-1 所示。

② 将模型导入 KeyShot 中，按图层赋予材质，
如图 5-4-2 所示。

③ 调整蓝色物件的材质参数，如图 5-4-3
所示。

④ 调整白色物件的材质参数，如图 5-4-4
所示。

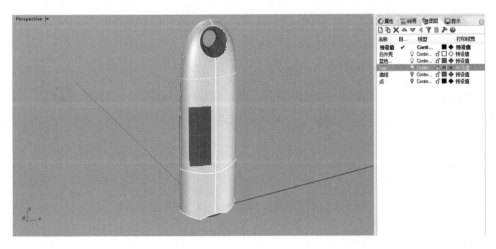

图 5-4-1

Rhino & KeyShot 完全实例入门教程

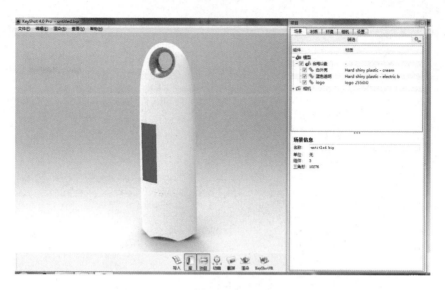

图 5 - 4 - 2

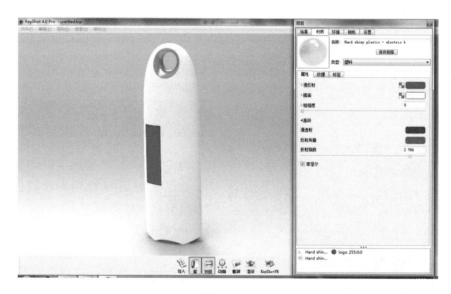

图 5 - 4 - 3

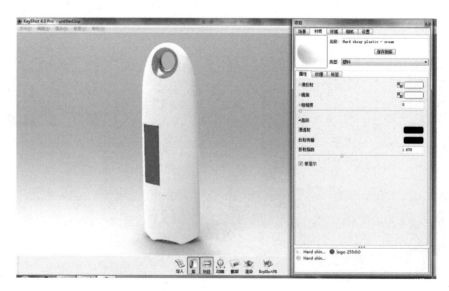

图 5 - 4 - 4

⑤ 贴 Logo，如图 5-4-5 所示。

⑥ 对 U 盘位置进行调整，如图 5-4-6 所示。

⑦ 更改"环境"为"Overhead Array 2k"，如图 5-4-7 所示。

⑧ 调整"环境"参数，如图 5-4-8 所示。

⑨ 调整"相机"参数，如图 5-4-9 所示。

⑩ 设置渲染参数，如图 5-4-10 所示。

⑪ 最终渲染效果如图 5-4-11 所示。

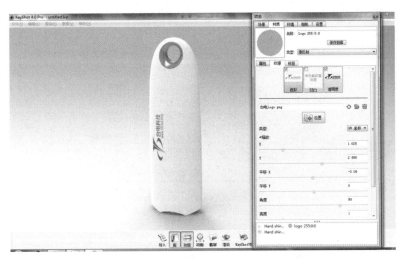

图 5-4-5

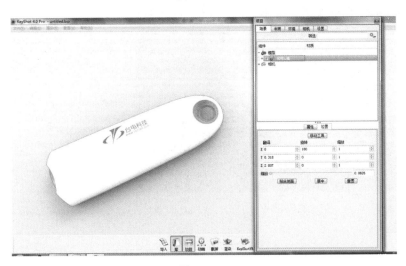

图 5-4-6

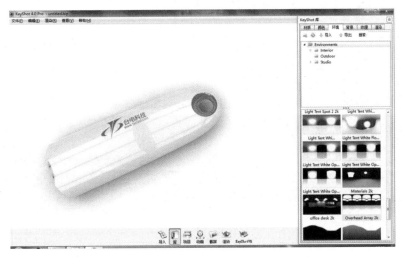

图 5-4-7

Rhino & KeyShot 完全实例入门教程

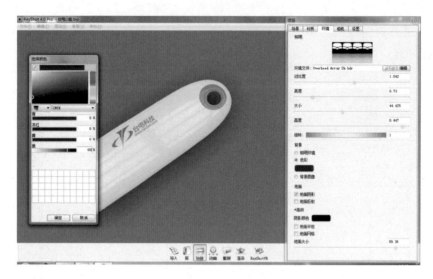

图 5 - 4 - 8

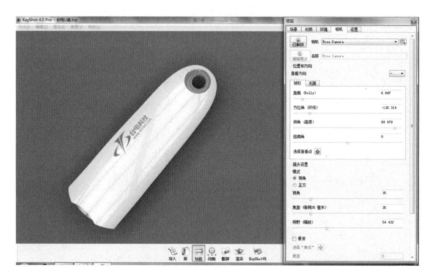

图 5 - 4 - 9

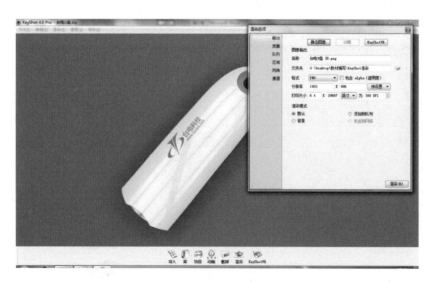

图 5 - 4 - 10

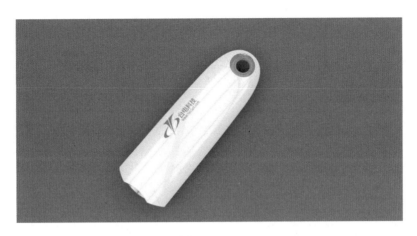

图 5 - 4 - 11

5.5　茶壶渲染

① 打开茶壶的 Rhino 文件：茶壶.3dm，管理图层，保存文件且关闭 Rhino 窗口，如图 5 - 5 - 1 所示。

② 将模型导入 KeyShot 中，按图层赋予材质，如图 5 - 5 - 2 所示。

③ 更改"环境"为"office desk 2k"，进行相关参数设置，如图 5 - 5 - 3 所示。

④ 给壶身贴一个渐变贴图并修改相关参数，如图 5 - 5 - 4 所示。

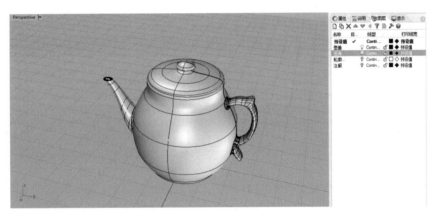

图 5 - 5 - 1

图 5 - 5 - 2

图 5 - 5 - 3

图 5 - 5 - 4

⑤ 在"属性"标签栏下，勾选混合颜色，对壶身进行细微调整，如图 5 - 5 - 5 所示。

⑥ 调整"相机"视角，如图 5 - 5 - 6 所示。

⑦ 设置渲染参数，如图 5 - 5 - 7 所示。

⑧ 最终效果如图 5 - 5 - 8 所示。

图 5 - 5 - 5

图 5-5-6

图 5-5-7

图 5-5-8

5.6 牙刷渲染

① 打开牙刷的 Rhino 文件：牙刷 .3dm，管理图层，保存文件且关闭 Rhino 窗口，如图 5 - 6 - 1 所示。

② 将模型导入 KeyShot 中，按图层赋予材质，如图 5 - 6 - 2 所示。

③ 更改"环境"为"Conference Room 3k"，进行相关参数设置，如图 5 - 6 - 3 所示。

④ 打开"库"中的"颜色"，选择"PANTON +Solid Uncoated"下的"PANTON Warm Gray 3U"赋予刷毛外层，选择"PANTON Neutral Black U"赋予刷毛内层，选择"PANTON Reflex Blue U"赋予"硬材质"图层，"刷柄主体"和"软材质"图层不做任何变化，如图 5 - 6 - 4 所示。

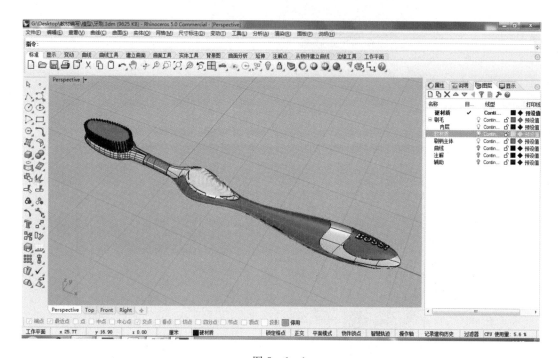

图 5 - 6 - 1

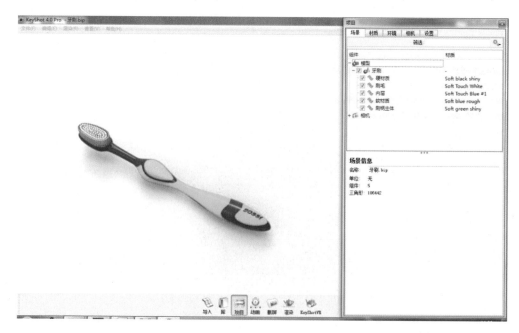

图 5 - 6 - 2

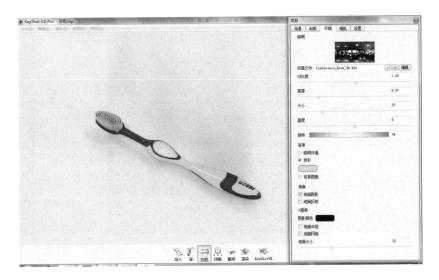

图 5 - 6 - 3

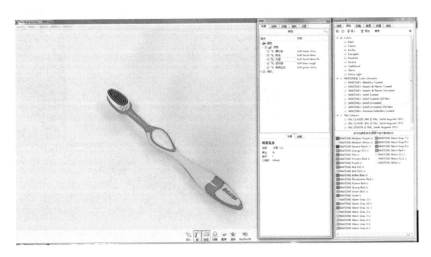

图 5 - 6 - 4

⑤ 对"环境"进行适当调整，如图 5 - 6 - 5 所示。

⑥ 调整"相机"视角，如图 5 - 6 - 6 所示。

⑦ 设置渲染参数，如图 5 - 6 - 7 所示。

⑧ 最终效果如图 5 - 6 - 8 所示。

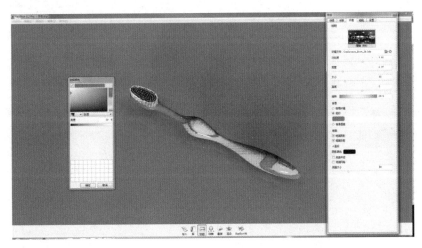

图 5 - 6 - 5

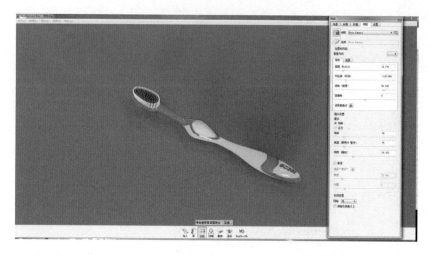

图 5 - 6 - 6

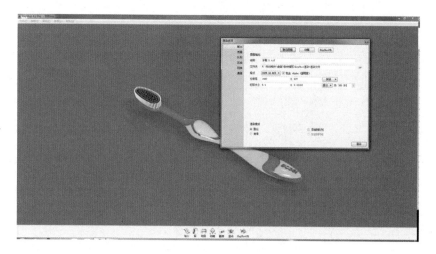

图 5 - 6 - 7

图 5 - 6 - 8

参考文献

［1］孟令明，彭菲，李鹏飞. Rhino 6.0 完全自学一本通（中文版）［M］. 北京：电子工业出版社，2019.

［2］张雨滋. Rhino 5.0 完全实战技术手册（中文版）［M］. 北京：清华大学出版社，2016.

［3］张铁成，孔祥富. Rhino 6 产品造型设计基础教程［M］. 北京：清华大学出版社，2019.

［4］梁艳霞. Rhino 三维建模基础教程［M］. 北京：电子工业出版社，2021.

［5］盛建平，金诗韵. 从 Rhino 到设计［M］. 北京：中国轻工业出版社，2018.

［6］陈演峰，邓福超，张阳. Rhino 6.0 入门、精通与实战（中文版）　［M］. 北京：电子工业出版社，2019.

［7］郭嘉琳，黄隆达. 一条线建模：Rhino 产品造型进阶教程［M］. 北京：人民邮电出版社，2018.

［8］钟世皇. 新印象：Rhino＋KeyShot 产品造型设计精粹［M］. 北京：人民邮电出版社，2019.